感受庭园之心

日本庭园图鉴

［日本］宫元健次 著

王巧 译

江苏凤凰科学技术出版社 · 南京

江苏省版权局著作权合同登记　图字：10-2022-58

图书在版编目（CIP）数据

日本庭园图鉴 /（日）宫元健次著；王巧译 . -- 南京：江苏凤凰科学技术出版社，2022.9
ISBN 978-7-5713-3091-0

Ⅰ . ①日… Ⅱ . ①宫… ②王… Ⅲ . ①庭院－园林设计－日本－图集 Ⅳ . ① TU986.631.3-64

中国版本图书馆 CIP 数据核字（2022）第 146734 号

日本庭园图鉴

著　　　者	[日本] 宫元健次	
译　　　者	王　巧	
项 目 策 划	凤凰空间 / 李雁超	
责 任 编 辑	赵　研　刘屹立	
特 约 编 辑	李雁超　马思齐	

出 版 发 行	江苏凤凰科学技术出版社
出版社地址	南京市湖南路1号A楼，邮编：210009
出版社网址	http://www.pspress.cn
总 经 销	天津凤凰空间文化传媒有限公司
总经销网址	http://www.ifengspace.cn
印　　　刷	天津图文方嘉印刷有限公司

开　　　本	710 mm×1000 mm　1 / 16
印　　　张	8
字　　　数	128 000
版　　　次	2022年9月第1版
印　　　次	2022年9月第1次印刷

标 准 书 号	ISBN　978-7-5713-3091-0
定　　　价	59.80元

图书如有印装质量问题，可随时向销售部调换（电话：022-87893668）。

本书的阅览与使用方法

欣赏要点

将每个时代的庭园形式、庭园构成要素等日本庭园的赏析要点分成 55 个项目进行解说。

要点

对正文进行言简意赅的概括。当读者想了解各项目下的重点内容时只需阅览此处，十分方便。

4

与贵族住宅浑然一体的庭园形式

寝殿造庭园中有着被称作"三神仙岛"的小岛

平安时代诞生的贵族住宅形式是"寝殿造"。其正殿是相当于起居室的名为"寝殿"的建筑，此外还有被称为"渡殿"的走廊串联起的许多名为"对屋"的单个房间。这种寝殿造的贵族住宅与其南所的小庭园浑然一体，庭园的部分也就有了"寝殿造庭园"的特称。池塘和寝殿通过走廊相连，走廊前端与坐落在池面上的"钓殿"（纳凉场所）相连，后者是只有屋顶与地板的透空建筑。

池塘中通常建有被称为"三神仙岛"的3座小岛。小岛依靠桥梁相连，池水是通过名为"遣水"的水渠从东北方向引入的。

池岸并没有布置天然石后，而是用圆润的小石子铺成斜面。这是为了在池水干枯、水量减少或是因降雨水增加时，都能使池塘的景观显得更加自然而精心设计的，因为对那个时代而言，还难以做到人工调节池塘的水量。

寝殿前的平地上铺有白砂，没有舞台，便于贵族从寝殿内欣赏舞蹈、观看蹴鞠，具有多种用途。池塘的后面还栽种了松、竹、梅等四季应景的植物。

寝殿造的典型建筑是"东三条殿"，虽然如今已不复存在，但通过建筑史学家太田静六的复原图仍可窥知一二。此外，虽然经历过大规模的改造，但京都的神泉苑、大觉寺嵯峨院与仁和寺也是寝殿造庭园的代表性实例。

要点 寝殿造庭园的重要遗址

神泉苑（京都府）是在延历十三年（794年）修建平安京之时建造的禁苑（御花园），相近天皇与嵯峨天皇等曾行幸此地，在诗宴、泛舟等游宴活动的同时还举办过重阳节会、相扑节会等活动。这里也是日本雪僧习创的发祥地。

仁和寺寝殿北部的北庭，远处高耸的建筑物是五重塔

知识拓展

观赏寝殿造庭园

寝殿造庭园与贵族的住宅形式同时诞生，下面将介绍两处寝殿造庭园的遗址。

神泉苑
◎ 京都府京都市中京区门前町 167

该庭园围绕远古时期就早已存在的大池而建，平安时代池塘的北部建有乾临阁以及钓殿[1]，瀑布接寝殿子。其与皇室大内里的东角殿相邻，既是空海大师祈雨祷告的场所，也是祇园御际的前身"御灵会"[2] 举办的灵场。

大觉寺嵯峨院遗址
◎ 京都府京都市右京区嵯峨大泽町 4

大觉寺由嵯峨天皇的离宫嵯峨院改造而成。在广阔的大泽池北侧可以欣赏到名色曾幕布遗址和遣水处，池塘里还有名为天神岛和菊岛的小岛。此外，大泽池和池中的立石曾是和歌学中广为吟咏的意象。

---

1 钓殿：供人纳凉的水榭，并非供人约鱼的建筑。——著者注
2 御灵会：平安时代以约为了平息瘟神和死者的怨灵所举办的法会，祇园祭古称祇园御灵会。——译者注

图片与插图

此处刊登日本庭园的全景、池塘、瀑布、植物、石组等与庭园有关的各种照片和插画。需要说明的地方有时会进行标注。

注释

对原文中涉及的词汇、文献等进行解释说明。

知识拓展与日本庭园指南

第一章中，以"知识拓展"为小标题，为读者介绍与各项目中谈到的庭园形式相对应的庭园实例。第二章中，以"日本庭园指南"为小标题，介绍日本全国各地的主要庭园。

毛越寺（岩手県）

前言

据说，古时"庭"被认为是举办祭祀与仪典的神圣场所。日本的政治舞台过去主要建立在以天皇为中心的朝廷上，而这朝廷的"廷"字正是由"庭"字演变而来的。清晨时分，皇族们聚集到净化过后铺着白砂的庭园里举行仪式，这被看作是"朝廷"一词的词源。

另外，日本各地出土了名为"环状列石"的即将巨石排列成环状的古代遗迹。古人相信神明寄宿在巨石（又称磐座）上，并在以巨石为中心的场所举办祭祀活动，这些场所自古以来又被称为"NIWA"（庭）。

在京都的前身即平安京开创以后，建成了毗邻皇居大内里的日本最为古老的寝殿造庭园——神泉苑。该庭园也是为了举行仪典而打造的神圣场所。之所以这么说是因为该庭园内有一眼泉水，相传，人们认为泉水是连接冥土与人世（现世）的出入口，相信魑魅魍魉会经由泉水窜到人世作祟，造成天地异变并带来瘟疫。

因此，天皇曾在该庭园举行祈雨仪式。这似乎表明"皇权"意味着对危害民众的魑魅魍魉具有控制力，而能够拥有这种力量的人才能成为天皇而君临天下。

这样看来，与其说庭园是纯粹用来享受自然的治愈之地，倒不如说它是日本人精神发祥的神圣之所。

　　本书不仅像以往庭园指南中屡见不鲜的那样，囊括了对庭园造型魅力的讲解，还将通过简明的语言就那些庭园的本质意义进行总结。

　　若能让您在此前对庭园的理解之上，以全新的视点来看待庭园并感受到更多的庭园魅力，那么本书的创作意图就达到了。

宫元健次

修学院离宫下离宫的寿月观

目录

1

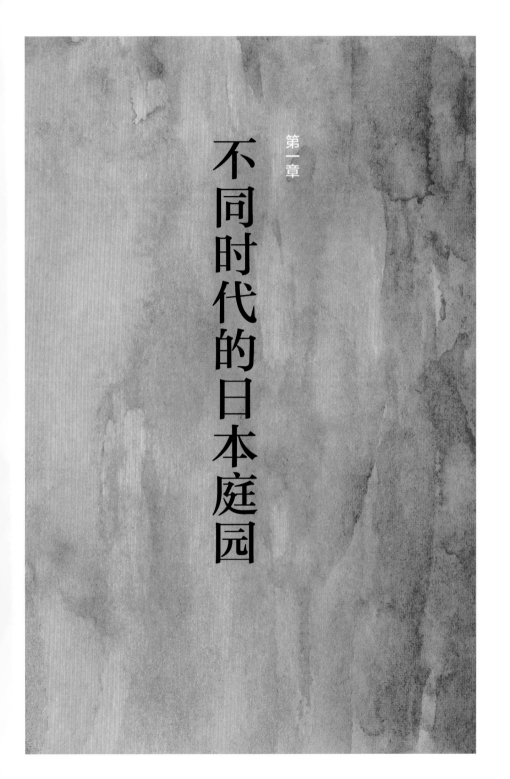

第一章

不同时代的日本庭园

各时代的庭园形式

在日本史中最悠久的庭园形式是"枯山水"，它的源头可以追溯到古代的巨石信仰。

此后，随着时代的发展日本庭园也涌现出了其他形式——净土式庭园、寝殿造庭园、书院造庭园、茶室的露地等。

本书将分别介绍从平安时代、镰仓时代、室町时代、安土桃山时代、江户时代到明治时代及以后各时代的庭园形式及它们的欣赏要点。

桂离宫书院建筑群

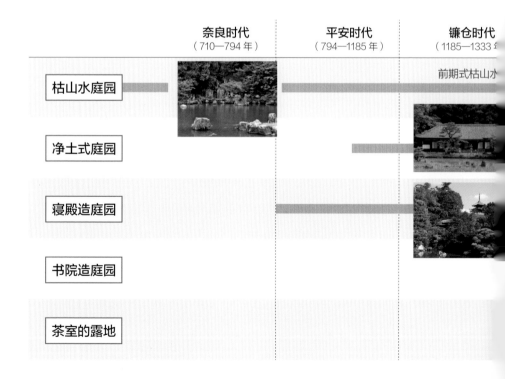

	奈良时代 （710—794 年）	平安时代 （794—1185 年）	镰仓时代 （1185—1333 年）
枯山水庭园			前期式枯山水
净土式庭园			
寝殿造庭园			
书院造庭园			
茶室的露地			

东福寺方丈北庭

室町时代 （1336—1573 年）	安土桃山时代 （1573—1603 年）	江户时代 （1603—1868 年）	明治时代及以后各时代 （1868 年—）
		后期式枯山水	

※ 该表注明了各庭园形式的主要流行年代。

1

重现『彼世』的庭园形式

平安时代后期诞生的末法思想

日本是多宗教国家。6世纪，佛教由中国经朝鲜半岛传入日本，随后得到了以贵族为主的日本人的广泛信仰。最初，对佛的信仰源于其在"此世"拯救世人的"现世利益"，能够为人消除病痛的药师如来等信众广布。到平安时代后期时，人们对佛的主要信仰逐渐转变成佛引导人们进入"彼世"这一"来世利益"，信众聚集到了阿弥陀如来佛上。

说到这种转变的由来，佛书里曾经指出，在佛教创始人释迦牟尼离世千年以后（说法不一），此世将变得混乱无序，人死后无法前往彼世的极乐净土，只能堕入污秽的地狱之中或是沦落为自缚灵[1]在世间彷徨。这种思想又称作"末法思想"，而平安时代后期的1052年被人们看作是末法元年。

然而无独有偶，这一时期滋贺县延历寺与园城寺（又称三井寺）以及奈良县的兴福寺中，原以普度众生为使命的僧侣却从戎成了僧兵奔赴战场，互相厮杀致使战乱不息，因而贵族们认为末法时期已至，惶恐不已。在这一时期，能往生极乐的唯一办法是名为"观想"的佛教修行方式，即在脑海里生动地构筑起想象的画面。

但当时的大多数贵族几乎无法完成这种形象上的训练与修行。据说甚至有贵族因饱尝辛酸挫折而不得结果自绝性命的事情。

"既然无法假想出极乐净土，那么只要在眼前创造一方真实的净土不就可以了吗？"怀揣着这一想法，末法元年的1052年，时任关白[2]的藤原赖通在京都南郊的宇治建造了如今已被列入世界文化遗产的平等院。

以三维空间再现极乐净土

平等院以描绘彼世世界的绢本彩绘"当麻曼荼罗"为原型建造。这幅画的中央是与平等院凤凰堂一模一样的建筑物以及阿弥陀如来佛。由此可见，平等院庭园是以三维空间的具象形式再现了当麻曼荼罗中所描绘的极乐净土。此后，日本各地纷纷开始建造净土式庭园。

1　自缚灵：束缚在当地的亡灵。——译者注，下同
2　关白：日本古代官职之一，辅助天皇主持政务的要职。天皇年幼时称摄政，成年后改称关白，类似于中国的宰相。

要点 1 提到净土式庭园首先想到平等院

上图中，坐落在美丽的阿字池边的建筑，便是有着960多年历史的日本国宝阿弥陀堂（即凤凰堂）。该庭园是现存为数不多净土式庭园的代表。于1994年被列入世界文化遗产。

对比

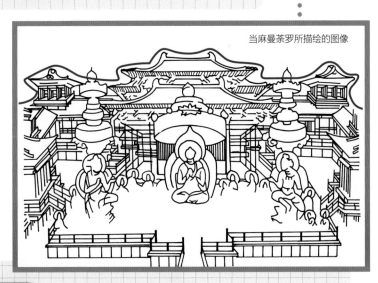

当麻曼荼罗所描绘的图像

要点 2 以"当麻曼荼罗[1]"为蓝本

在描绘净土景象的"当麻曼荼罗"（藏于当麻寺，日本国宝）中，有与平等院凤凰堂极为相似的建筑和阿弥陀如来佛。据说平等院是参照这幅画建成的。由此可见，该庭园是将极乐净土以三维空间的形式再现出来的庭园。

---

1 曼荼罗：在佛教密教中，以主尊为中心有序地描绘诸佛诸尊汇聚一堂的图样。——译者注

5

2

表现西方净土的『彼岸』与『此岸』

何为西方净土？

在佛教传入日本前更久远的时期，人们信奉以太阳崇拜为核心的神道思想。这一思想在"日本"的国名和国旗，天皇的先祖神"天照大神"以及曾经的女王"卑弥呼"[1]（日女子）的名字上都有体现，此外过去还把男性叫作"日子"（彦），女性叫作"日女"（姫）。在佛教中有"西方净土"一词，认为净土即死后的世界，存在于日落的西方。因此，在净土式庭园中，安放着引导死者往生净土的阿弥陀如来像的阿弥陀堂也是坐西朝东的。

关东鲜见的净土式庭园之———称名寺庭园
（神奈川县）

"彼岸"与"此岸"的关系

净土式庭园中，阿弥陀堂前毗邻的水池西侧称为"彼岸"，东侧称为"此岸"。由于西沉的太阳还会再次从东方升起，因而此岸代表了此世（现世）。

有扫墓等习俗的彼岸日本来的写法是"日愿"[2]，原指祈求逝者转生到西方净土的日子。那么，若问彼岸日为何是春分日和秋分日，其原因与这两天的太阳会从正东升起、正西落下有关。换言之，无非是因为在这两天，从视觉上看太阳恰好会从净土式庭园的此岸升起，彼岸落下。

面向从东方的此岸升起的太阳祷告先祖的转世，对着从西方的彼岸落下的太阳祈求先祖能成佛。

1　卑弥呼：日本弥生时代邪马台国的女王，卑弥呼是当时用汉语的语音来表示日语的叫法，实际上应该是"日女子（ヒメコ）、日御子（ヒノミコ）"等象征着太阳的灵威附体的女性的称号。——译者注，下同

2　日愿：日文发音与"彼岸"一样，都是"ひがん（higan）"。

净土式庭园

平安时代末期发展起来的净土式庭园中，除了京都的平等院和净琉璃寺以外还有多座值得游赏，这里介绍其中的四处。

法金刚院

● 京都府京都市右京区花园扇野町 49

该庭园建于 1130 年，坐落在鸟羽上皇的皇后——待贤门院的住宅里。造园的是伊势公林贤（见第 104 页）等人，园内景观"青女的瀑布"十分有名。

毛越寺

● 岩手县平泉町平泉大泽 58

该庭园是根据日本最古老的造园书籍《作庭记》而建造的净土式庭园的遗构。大泉池、枯山水的筑山[1]、引入庭园的遣水[2]、沙洲的造景等值得欣赏的美景不胜枚举。

圆成寺

● 奈良县奈良市忍辱山町 1273

桧树皮葺屋顶的楼门和阿弥陀堂被评选为重要文化遗产。庭园内的池塘里有 3 座小岛，被喻为是仙人居住的蓬莱山，池中还可见浮石。

白水阿弥陀堂

● 福岛县磐城市内乡白水町广畑 221

该净土式庭园的中心建筑阿弥陀堂是模仿中尊寺金色堂建造的。园中的池塘里有两座小岛，较大的岛上架有平桥和拱桥，将池塘分成此岸和彼岸。

1　筑山：假山。在庭园内仿造山的形状，利用地形与挖池的土堆和岩石等堆砌的小山。——译者注，下同
2　遣水：引水入园的水渠称为遣水，弯曲的造园水流。

3

了解净土式庭园与太阳运行间的关系

根据太阳运行推定岁时节候

京都府的净琉璃寺和平等院是展示太阳运行与此岸、彼岸关系的典型净土式庭园。净琉璃寺是唯一将阿弥陀如来佛中最为灵验的"九体阿弥陀如来坐像"传承至今的寺院。

净琉璃寺中的九体阿弥陀堂坐落在池塘正西侧的彼岸，面朝东方，堂后有一片墓地。并且，池塘正东侧的此岸上建有三重塔，其内安放着药师如来坐像，只有春分、秋分日会举行开龛仪式。换言之，根据该庭园的构造，只有在春分、秋分时，太阳才会正好从三重塔的药师如来坐像的后方升起，并从九体阿弥陀堂的后方落下。

从三重塔看去，冬至日那天镇守堂恰好被一年之中最弱的朝阳照亮；而在夏至那天，本坊则沐浴在一年中最强的日出阳光里，这正是设计的意图所在。

这样的对应关系也被称为"自然历"，在太阳崇拜、从太阳运行中推算岁时节候、农耕等方面得到运用。除了净琉璃寺的庭园以外，著名的平等院的庭园也拥有相同的构思。

平等院庭园的布局猛然一看难以领悟，实则是将太阳运行、建筑物、池塘、堂内的阿弥陀如来像乃至圆镜等都纳入构思后精心设计的庭园

了解净土式庭园独特的结构

近年的考古发掘和调查发现，原来的平等院阿弥陀堂的正面比现在还低1米，那时可以将其正对着的佛德山尽收眼底。颇有意思的是，从平等院凤凰堂的位置可以观测到夏至时佛德山山顶

净琉璃寺阿弥陀堂

要点

精心布局

谈起净土式庭园，则必然涉及太阳运行与园内建筑之间的位置关系。这种庭园采用了"自然历"的构思，与太阳崇拜一同应用于农耕等方面。

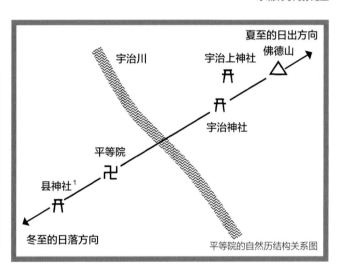

平等院的自然历结构关系图

的日出以及冬至时从平等院的镇守社 (即县神社) 方向落下的太阳。而且，宇治神社也与这三者坐落在同一条直线上，可见这是经过精心设计的布局。

更为精妙的是当夏至的太阳从佛德山升起时，若是打开凤凰堂正门，阳光经堂前池水反射照进堂内，再经过阿弥陀如来坐像华盖上的圆镜反射后，便能使黑暗中的主佛如佛光普照般凸显出来。

此外，凤凰堂的天花板上还饰有66枚铜镜，能依次照亮架设在主佛后方墙上的每一尊云中供养菩萨像。

此类依自然历设计的构思也能在其他净土式庭园中见到，或许可以说这曾是净土式庭园特有的设计方式。

1　县神社：平等院的镇守社，坐落于距平等院南门以西约100米处。

4

与贵族住宅浑然一体的庭园形式

寝殿造庭园中有着被称作"三神仙岛"的小岛

平安时代诞生的贵族住宅形式是"寝殿造"。其正殿是相当于起居室的名为"寝殿"的建筑，此外还有被称为"渡廊"的走廊串联起的许多名为"对屋"的单个房间。这种寝殿造的贵族住宅与其南部的以池塘为中心的庭园浑然一体，庭园的部分也就有了"寝殿造庭园"的特称。池塘和寝殿通过走廊相连，走廊前端与坐落在池面上的"钓殿"（纳凉场所）相连，后者是只有屋顶与地板的透空建筑。

池塘中通常建有被称为"三神仙岛"的3座小岛。小岛依靠桥梁相连，池水是通过名为"遣水"的水渠从东北方向引入的。

池岸并没有布置天然石组，而是用圆润的小石子铺成斜面。这是为了在池水干枯、水量减少或是因降雨池水增加时，都能使池塘的景观显得更加自然而精心设计的，因为对那个时代而言，还难以做到人工调节池塘的水量。

寝殿前的平地上铺有白砂，设有舞台，便于贵族从寝殿内欣赏舞蹈、观看蹴鞠，具有多种用途。池塘的后面还栽种了松、竹、梅等四季应景的植物。

寝殿造的典型建筑是"东三条殿"，虽然如今已不复存在，但通过建筑史学家太田静六的复原图仍可窥知一二。此外，虽然经历过大规模的改造，但京都的神泉苑、大觉寺嵯峨院与仁和寺也是寝殿造庭园的代表性实例。

仁和寺寝殿北部的北庭，远处高耸的建筑物是五重塔

寝殿造庭园的重要遗址

神泉苑（京都府）是在延历十三年（794年）修建平安京之时建造的禁苑（御花园），桓武天皇与嵯峨天皇等曾行幸此地，在诗宴、泛舟等宴饮游乐的同时还举办过重阳节会、相扑节会等活动。这里也是日本赏樱习俗的发祥地。

知识拓展

观赏寝殿造庭园

寝殿造庭园与贵族的住宅形式同时诞生。下面将介绍两处寝殿造庭园的遗址。

神泉苑

● 京都府京都市中京区门前町 167

该庭园围绕远古时期就早已存在的大池而建，平安时代池塘的北部建有乾临阁以及钓殿[1]、瀑布殿等殿宇。其与皇居大内里的东南角毗邻，既是空海大师做祈雨祷告的场所，也是祇园祭的前身"御灵会"[2]举办的灵场。

大觉寺嵯峨院遗址

● 京都府京都市右京区嵯峨大泽町 4

大觉寺由嵯峨天皇的离宫嵯峨院改造而成。在广阔的大泽池北侧可以欣赏到名古曾瀑布遗址和遣水，池塘里还有名为天神岛和菊岛的小岛。此外，大泽池和池中的立石曾是和歌中广为吟咏的意象。

---

1 钓殿：供人纳凉的水榭，并非供人钓鱼的建筑。——著者注
2 御灵会：平安时代以后为了平息瘟神和死者的怨灵而举办的法会，祇园祭古称祇园御灵会。——译者注

5

采用『四神相应』相地理念的合理性

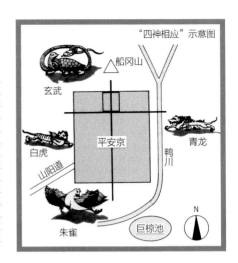

"四神相应"示意图

玄武　船冈山

白虎　山阳道　平安京　青龙　鸭川

朱雀　巨椋池

N

体现"四神相应"的合理布局

寝殿造庭园是基于当时的先进知识——阴阳道（发源于中国的阴阳五行说）来布局的，即所谓"相地"的思想。换言之，"四神相应"指环境优良的地形地貌：东有"青龙"神之喻的河川，西接"白虎"交通要道，南拥"朱雀"之池，北临"玄武"之山，如此则为理想的选址。在古代中国，传说四神相应之地必会繁荣昌盛，因此不仅是中国古都长安，还有模仿长安城的日本藤原京、平城京、平安京以及江户的城市规划也都采用了这一风水理念。若能实地考察东三条殿，则会发现其东边引水环曲成渠，西边设有道路和中门，南边辟有池塘，寝殿坐北朝南，合乎"四神相应"的理念。

那么，"四神相应"究竟是否是一种迷信呢？首先，由于平安京的地势东北高西南低，住宅和庭园一般从东边引水环曲成渠，天明时随着朝阳从东方升起，清澈洁净之水便源源流入。另外，西面设有通道和门户，造有围墙，这与日本人想要避开令人厌烦的炎炎夏日夕阳有关。再者，南边建有池塘，有助于夏日酷暑天时掠过水面的凉风进到寝殿内。而且，寝殿北靠山峰，利于冬季抵御北方的寒风。因此，即便从现代科学的角度来看，这种布局也是合理的。

造园专家大显身手

著名的石庭，龙安寺（京都府）方丈南侧的枯山水庭园

以禅宗寺院为中心蓬勃发展的枯山水

枯山水庭园，一言以蔽之，就是以石组、植物、砂石等取代池塘、遣水等真实水景的庭园形式。

自古以来，僧侣们就一直是建造枯山水庭园的专业技师。在镰仓时代，他们被称为"石立僧"。

随后，在禅宗传入日本以后，这些造园技术就被禅僧所继承，并在禅宗寺院为主的庭园建造中得到广泛运用。据说这么一来，禅宗思想的自然观连同书画作品共同对枯山水庭园产生了很大的影响，这在石立僧梦窗疏石所设计的西芳寺庭园（京都府）中得到了集中体现。

造园专家登场

进入室町时代，出现了专业的造园匠人"山水河原者"。从此，不仅是禅宗寺院，寝殿造庭园和书院造庭园里也都能营造枯山水景观了。河原者是社会最下层的人群，他们从事卑贱的职业，靠接受寺院和武家的杂活为生，其中具有造园才能的人才被称为山水河原者。

> **要点**
>
> ### 禅宗的巨大影响
>
> 梦窗疏石所设计的西芳寺是一座以禅宗的自然观为指导思想的庭园。

13

7

与
武
家
住
宅
熔
于
一
炉
的
庭
园
形
式

园城寺（三井寺）光净院庭园。可以看到池塘中的夜泊石[1]等

融入各种设计意匠的武家住宅形式

自1192年镰仓幕府建立以后，此前占据日本政治舞台的公家（贵族）开始衰弱，武家逐渐崛起。

然而，在镰仓地区建立起的幕府政权，依然对高雅的公家生活抱有向往之情，当时住宅的主流形式是在农家风格的地方民居中掺入公家的寝殿造，形成了这一过渡时期不寻常的建筑风格。

在那以后，随着足利氏在京都建立了室町幕府，将王公贵族的寝殿造形式大量吸收进来的武家住宅得以兴起。

此外，由于历代的足利将军们大多都会选择让位、出家为僧，所以禅宗寺院住宅形式中的榻榻米、博古架、押板[2]、副书院等设计也被纳入寝殿造之中。

从结果上来说，此时形成了与公家的寝殿造形式不同的武家的住宅形式，即"书院造"的初期形态"主殿造"。主殿造的典型建筑有将军足利义政于1486年左右在京都建造的"东山殿"（后改成慈照寺，又称银阁寺）的东求堂（日本国宝）等。

---

1 夜泊石：一种石组，象征夜晚停泊在海上的船只，是受蓬莱神话思想影响而产生的石组。传说神仙之岛蓬莱岛上汇聚着灵丹妙药和金银珠宝，寻宝之人夜晚将船停在海面上。——译者注，下同

2 押板：固定在室内的类似壁龛的装置，后来发展为壁龛。

池塘周围布置的石组是书院造庭园的重点

与书院造形成一体化的庭园形式是"书院造庭园"。它与公家寝殿造庭园的最大差别，在于其水池周边摆放有镰仓时代同禅宗一起传入日本的石组。

在日本普及推广石组的正是前文所述的"石立僧"。其代表正是室町幕府初代征夷大将军足利尊氏的亲信——梦窗疏石（梦窗国师）。

梦窗疏石的庭园杰作

于1339年相继建成的京都天龙寺庭园和西芳寺庭园，堪称疏石的代表作，如今这两座杰出的庭园都已被载入世界文化遗产名录。

虽然本书中将二者归入"枯山水"的庭园形式当中，但不可否认的是布置在池边的石组确实是受了书院造庭园的影响。

除此之外，滋贺县的园城寺（三井寺）光净院的庭园和圆满院庭园、劝学院庭园等也都是家喻户晓的书院造庭园。

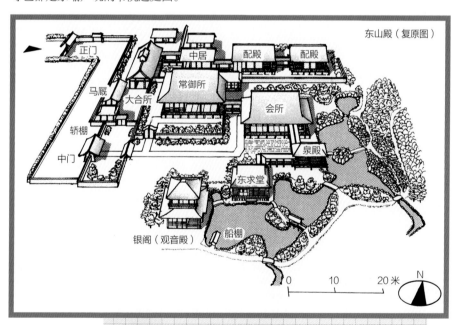

东山殿（复原图）

正门　中居　配殿　配殿
马厩　大合所　常御所　会所
轿棚　泉殿
中门　东求堂
银阁（观音殿）　船棚

0　　10　　20米　　N

> **要点**　池塘四周布置的石组
>
> 室町时代以后，武家在寝殿造中融入了书院等设计，这是初期的书院造（主殿造）的特征。与书院造建筑形成一体化的庭园形式就是书院造庭园，这种庭园的最大特点，是开始在池边布置石组。上图是初期书院造的典型——东山殿（复原图）。

书院造庭园的特征

　　室町时代以后，与武家的书院造住宅形式熔于一炉的书院造庭园逐渐形成。此处将介绍享誉世界的桂离宫和修学院离宫等代表性的书院造庭园。

桂离宫
● 京都府京都市西京区桂御园

这是由八条宫初代的智仁亲王和第二代的智忠亲王所建造的日本庭园。因德国建筑师布鲁诺·陶特曾对它赞不绝口而声名日隆。

修学院离宫
● 京都府京都市左京区修学院薮添

在 17 世纪中期由后水尾上皇设计的庭园。该庭园由上、中、下 3 座离宫构成。其中，上离宫的人工水池浴龙池是最大的看点。

小石川后乐园
● 东京都文京区后乐

在江户时代初期由水户德川家初代藩主德川赖房修建，后经第二代藩主德川光国踵事增华并完成。该庭园模拟了"海、山、川、田园"等富有起伏的景观，许多仿造的中日风景名胜在这里汇聚一堂。

兼六园
● 石川县金泽市兼六町

该庭园由江户时代的加贺藩主前田氏耗时 160 年建造而成，位列日本三大名园之一。园内拥有名为琴柱灯笼的罕见灯笼。

8

初期的书院造庭园与西芳寺庭园

模仿西芳寺建造的庭园

西芳寺庭园给过渡时期的书院造庭园带来的影响并不仅仅是立于池边的石组。

据说，足利义满在京都建造的北山殿（后改为鹿苑寺，即金阁寺）正是模仿了西芳寺。此外，据《荫凉轩日录》[1]等有关资料记载，其孙足利义政也曾仿照西芳寺建造了东山殿（后改成慈照寺，又称银阁寺）。

在书院造庭园的代表作桂离宫中，也可以发现源自西芳寺庭园的空间秩序

北山殿遗迹中的楼阁建筑"金阁"的一层是寝殿造，二层则是书院造，三层是禅宗样式，而且建造之初就在池边布置了石组，因此或许可以看成是过渡时期的书院造庭园。另外，虽然东山殿乍看之下也像是寝殿造庭园，但它其实是书院造建筑的开山之作，庭园内东求堂内有押板、博古架、副书院等设计，并且从营建伊始池边就摆放着石组，由此同样可称之为过渡时期的书院造庭园。

不仅如此，从西芳寺庭园那里继承而来的布局结构，还能使庭园以更优美的样貌展现给世人。

刚踏入西芳寺庭园时，首先映入眼帘的是两侧被绿篱掩映着的参道，就这样沿着参道前进，想到园内一探究竟的心情愈发强烈。忽然，庭园的全景在眼前铺展开来。与西芳寺拥有相同空间序列的是如今的鹿苑寺庭园和慈照寺庭园。其中，慈照寺庭园参道的绿篱还被特别称为"银阁寺篱"，美名早已远扬。

要点　上下两段式布局

鹿苑寺庭园与慈照寺庭园都采用了西芳寺庭园首创的绿篱参道的布置，以及上段是枯山水庭园、下段是池泉回游式庭园的上下两段式布局，这也是游赏的关键之处（参照第32页）。

---

1 《荫凉轩日录》：京都相国鹿苑院荫凉轩主的公用日记，于室町时代中期时开始记录。——著者注

17

9

『山里曲轮』与茶室『露地』的起源

山里曲轮与千利休

桃山时代一统天下的武将丰臣秀吉由于建造了许多城郭而家喻户晓。其中，值得关注的是在1585年建造的大阪城中有一座名为"山里曲轮"（下图）的庭园，因为这是首个在以军事为目的的城郭中建造的庭园。

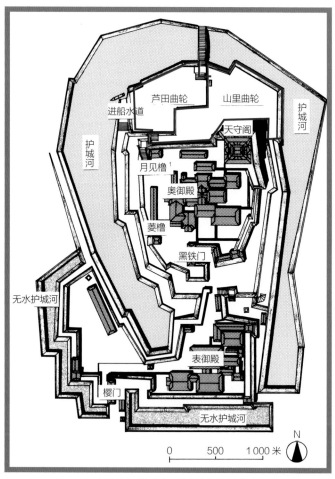

丰臣秀吉时代中大阪城内的山里曲轮与芦田曲轮（复原图）

要点 1 露地里的设计构思

连接着茶室的茶庭又称露地。穿过其中名为"中潜"的中门并用"手水钵"洗手、漱口，从而完成祛除污秽、获得新生的通过仪式。

---

1 橹：城内用于警戒、御敌的望楼或箭楼。

妙喜庵（出自《都林泉名胜图会》）

千利休是"山里曲轮"的命名者

大阪城里名为"山里曲轮"的庭园是首个建造在城郭用地上的庭园。已经证实其中还包含千利休所造的茶室和露地，名为"山里的宅院"。

山里曲轮的"曲轮"指的是由护城河包围起来的城池的一个区域。而"山里"一词，据说取自藤原家隆的和歌《若草》，当时身为茶匠服侍丰臣秀吉的千利休从藤原家隆的这首"春来只盼花，欲叫世人看山里，雪融嫩草生"的和歌中选词取名。谈到底，之所以叫山里曲轮，也无非是因为其中包含千利休所建的名为"山里的宅院"的茶室及其露地。《津田宗及茶汤日记》中记载有1584年正月3日举办了山里的茶宴。

该山里茶室的起源可以追溯到后柏原天皇时代，身为乐师的丰原统秋在自家宅院的大松树下搭建草庵，并称之为"山里"，在此品茶。此后武野绍鸥效仿了他的做法并同样使用"山里"来命名，可以认为千利休也沿用这一做法。

通过《都林泉名胜图会》[1]（上图）可知，千利休在1582年打造的现存唯一的茶室——妙喜庵待庵（京都府）也是建在了大松树下，这可以证实丰原统秋在大松树下搭建草庵的做法得到了千利休的继承。

外露地与内露地

千利休在连接茶室的露地设计上也花了不少心思，甚至解释其为庭园的一个领域。这是因为露地被比喻成模拟的"旅行"，是在茶室中经历"一期一会"[2]之前净化精神、祛除污秽的"通过仪式"。

表千家不审菴（京都府）和里千家今日庵（京都府）将千利休的茶道传承至今。观察其露地的设计，会发现中间有一个被称作"中潜"的中门，把露地分为了外露地和内露地。

中门即是结界，穿过中门是一个通过仪式，能祛除污秽，获得新生。

此外，露地中一定会放置"手水钵"[3]，人们可以用其中盛满的清水来漱口、洗手。据说这采用了与神社前水盘社相同的做法，由此可见通过仪式和被禊行为归根结底是一致的。

1　《都林泉名胜图会》：1799年发行的京都观光指南。——著者注

2　一期一会：一生一次的难得的茶会，源自茶道心得。在茶会时应当意识到接下来共度的这段时光不会重来，视为一生一次的机会，主客皆应诚心相待。——译者注，下同

3　手水钵：洗手水钵，即一种漱口洗手用的蓄水容器。

10

回游式庭园的发源与露地

再现旅途风光的苑路（露地）

回游式庭园就是纳入了书院造庭园所拥有的露地要素的庭园，其代表有桂离宫、修学院离宫等。

自桂离宫之后，逐渐由茶室的露地发展出可以沿着园内苑路环游欣赏的回游式庭园。桂离宫是在京都的桂川河畔建造的皇家别墅，自1615年起历经三次修建才造就了现在的模样。

在桂离宫里，苑路还兼有茶室露地的功能，同样配备了外腰挂[1]、手水钵、飞石[2]、茶室。

但是，桂离宫不仅仅建造有茶室的露地，还添加了许多名胜景点和旅途风光。例如，有模仿神户有马町有名的鼓瀑布、京都府的天桥立、静冈县的大井川等风景名胜的缩景；沿单向的苑路闲游，便见沙洲、岩滩、萤谷以及大山扑海的滨海小道之景；赏花亭再现了山顶的茶屋，园林堂则使人联想到佛寺。此外还有再现（仿佛从民居眺望瓜田）田园风光的笑意轩等，桂离宫将旅途所体验的风景巧妙地重现在庭园之中。

归根结底，此处的露地明显可以替换为"旅途"一词，或许也可以说旅途体现了露地的本意。

桂离宫的苑路边有7座刻有地藏菩萨像的织部灯笼，即由茶人古田织部改良的石灯笼。并且，在桂离宫建造的那个时代里十分流行的六地藏巡礼、三十三所观音巡礼等灵场巡礼的旅途风光也都被吸纳进庭园设计之中。

此外，我们还可以理解为：把茶室的露地当作回游式庭园内的苑路，人们通过它能周游庭园一圈，以"轮回"的形式展现了茶室露地的本质——经历通过仪式获得新生。

> **要点**
>
> **桂离宫的苑路同时也是露地**
>
> 桂离宫将日本各地的名胜、自然风景的缩景融入露地（苑路）之中，巧妙地再现了旅途风光。

---

1 外腰挂：外露地中放置着长椅、带有屋顶的休息处，茶会开始之前客人在此处等待。"腰挂"为椅子之意。——译者注，下同

2 飞石：指庭园苑路中部分埋入土中、部分露出地面且石表平整的踏脚石，飞石之间的间距按人的步长设计。

11

大名庭园的诞生与宫廷庭园

从城郭转变为庭园建筑

　　山里曲轮庭园在1587年丰臣秀吉在京都建造城郭聚乐第时得到了进一步的发展。但竣工8年后，聚乐第便被丰臣秀吉本人下令拆除，部分构件移建到了伏见城，虽然建筑物本身已不复存在，但是根据复原图我们依然可以一睹它曾经的风采。

　　观察聚乐第的复原图，令人震惊的是围绕水池而建的山里曲轮庭园占据了城中约三分之二的面积。而且面向水池的建筑，是与伏见城或相传是聚乐第遗构的西本愿寺飞云阁（国宝）十分相似的楼阁建筑。

　　丰臣秀吉在随后的1594年又同时建造了伏见城、指月城和向岛城。但据史料记载，后两座城似乎只是将伏见城中的山里曲轮庭园作为城池独立出来的建筑物罢了。可见，与其说它们是城郭倒不如说它们已变成了单纯的庭园建筑。

　　丰臣秀吉死后，其家臣大多倒戈德川一方，丰臣家灭亡以后他们成了外样大名[1]。而德川幕府怀疑曾忠于丰臣家的福岛正则、加藤忠广（加藤清正之子）等大名有谋逆之心，逐一铲除了他们。此外，幕府于1615年发布了"武家诸法度"以防止各地大名图谋反叛的心思。因此，各地大名为表明自己没有谋反之心纷纷削减军费、全神贯注于造园之中。如今，各个藩的大名在全国各地的城下町和江户郊外的大名宅邸中建造的日本庭园被统称为"大名庭园"。

京都市伏见区的伏见桃山城天守阁（重建）

1　外样大名：关原合战前后被纳入德川家统治体系下的武装领主，其大多实力雄厚且领地多在远离江户的偏远地区。——著者注

上图　小石川后乐园为大名庭园的代表作之一。图中是该庭园的中心景观"大泉水"
下左　小石川后乐园的石桥"圆月桥"
下右　兼六园的雁行桥

参考桂离宫建造的大名庭园

各地大名都曾把桂离宫作为造园时的参考对象，并派遣造园师到桂离宫学习观摩造园的方法。由此，回游式庭园这种以苑路连接风景名胜的组景方式迅速普及至日本各地，桂离宫中的"沙洲""刈込"[1]"流动手水"[2]等设计也广泛地传播开来。

若问为何桂离宫会成为范式，其原因无非在于"武家诸法度"颁布的前一年，即1614年，幕府针对皇族颁布了"禁中并公家诸法度"[3]，皇族先武家一步遭受了幕府"专注于学问与艺术"的限制。创建了桂离宫的皇族，八条宫智仁亲王曾作为丰臣秀吉的养子，拥有关白之职的继承权，他是一位甚至能够被推举为天皇的卓越人才，因此深受幕府忌惮，给了他土地与经费差遣他去建造园林。

1　刈込：日本园林中的树木修剪法，分为梳枝修剪（小修剪）和整形修剪（大修剪）。——译者注，下同
2　流水手水：一种使用流水洗手的方式。在庭院内的池塘或曲水边设置用来打水、放置舀子与提桶的石头，直接利用流水洗手。
3　禁中并公家诸法度：德川家康为了统治朝廷和公家而颁布的法令。——著者注

京都仙洞御所，17世纪建造的众多宫廷庭园之一

就这样，幕府的统治方针也波及天皇。在"禁中并公家诸法度"颁布的两年前，曾经不过只是小小一间清凉殿的御学问所，后来在皇居"内里"中却被新修成了巨大的独立建筑。此外，该法度颁布的那年还发生了这样的事情：紫辰殿的白砂之庭，数世纪以来一直是朝廷进行政治活动的场所，同时也是"庭"的词源，而幕府却在其上建造了演艺设施——能舞台，意在提醒天皇撒手政治、专注于学问与艺术。

德川幕府刚建立，桂离宫、修学院离宫、宽永度内里即京都仙洞御所等宫廷庭园以及百万石[1]的外样大名加贺前田藩的兼六园、冈山后乐园、小石川后乐园等大名庭园如雨后春笋般拔地而起，上述原因成为造园热潮空前高涨的时代背景。

要点

江户初期的造园热潮

江户初期兴起的造园热潮的原因是幕府针对皇族和武士分别颁布了"禁中并公家诸法度"（1614年）和"武家诸法度"（1615年）等条令。"专注于学问与艺术"受幕府这一政策的影响很大。

知识拓展

观赏大名庭园

江户时代日本各地陆续建造了许多大名庭园。其中有许多庭园是以桂离宫为范本建成的。

玄宫园

● 滋贺县彦根市金龟町3-40

这是坐落于彦根城东北处的池泉回游式大名庭园。筑山上建有凤翔台、池边周围仿建有中国的潇湘八景或说是日本的近江八景和琵琶湖的冲之白石等景观。

滨离宫恩赐庭园

● 东京都中央区滨离宫庭园1-1

园内建有潮入池（有潮水涌入的水池）和名为"鸭场"的猎鸭池。东京都内的旧安田庭园等也曾有过潮入池，但如今真正有潮水进出的只有该庭园的水池。

1　百万石：此处指该大名领地的米谷收获量达100万石，日本的容量单位，1石大约为180升，150~160千克。——译者注

12

探寻日本三大名园里的军事要素

军事用途明显的日本三大名园

冈山后乐园（冈山县）、金泽兼六园（石川县）、水户偕乐园（茨城县）这3座庭园景色优美，入选日本三大名园。

虽然入选标准并不明了，但1904年发行的面向外国人的写真集里确实是如此记载的。

此外，在上一节中谈到大名庭园是幕府镇压政策的产物，尽管如此，大名庭园中含有军事用途一事也是众所周知的。

本节将聚焦各庭园的军事要素介绍三大名园的魅力。

冈山后乐园

池田纲政于1686年起花费15年的光阴建造的庭园——冈山城的山里曲轮，便是冈山后乐园。

冈山后乐园本该是为了藩国的安泰而建造的庭园，但仔细观察，便会发现园内潜藏着怎么看都不像是娱乐设施的军事元素。首先，值得注意的是该庭园的选址——它建在了城池的背后即暗处防卫据点上。其次，该庭园的池水是利用虹吸原理强行将旭川上游4千米的水通过河川下面引过来的。这或许是为了在紧急情况出现时能够将其改造成护城河或水井而有意设计的。

此外，园内的筑山还可以活用为橹（瞭望楼）或是野战工事的土垒。而且，据说当时庭园内栽种的植物主要是粮食作物。

左图为从园内远眺冈山城天守阁（复原）
右图为建在城背后的防卫据点上，融入了诸多军事要素的冈山后乐园

金泽兼六园

1676年开始修建的兼六园被认为是为了加强金泽城东南部的防御而建的。金泽城的东南部是依靠外护城河"百间堀"加固的,确实是防御比较薄弱的部分。此外,千岁台的石墙又被称为观月台,却也只是徒有其名,据说其实际用途为城防工事。

另外,最初建造的山崎山庭园里有进水口,可以利用虹吸原理将水搬运到金泽城,这可能也是为防止敌人围城而下的功夫。山崎山的山麓地带种有等间距的大榉树,从而巩固了城池的薄弱之处,据说这也是为了城池的防御需要。

因具备"宏大""幽邃""人力""苍古""水泉""眺望"这六胜而被冠以"兼六园"之称

水户偕乐园

1842年,水户藩第九代藩主德川齐昭建造了水户偕乐园。

据说,该庭园建造之初就是为了加固水户城西侧的防御,并且园内还种植有100多种梅树,总数达3000棵,这也是为了在紧急情况发生时能够拿来充饥而有意为之。

此外,建在可以眺望千波湖的崯口上的好文亭据说是藩主的休息所。但有人认为,该亭相当于远离中心城郭的小天守阁,因为水户城里没有天守阁,于是便在悬崖上建造了好文亭这座三层建筑,以备不时之需。

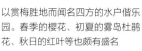

以赏梅胜地而闻名四方的水户偕乐园。春季的樱花、初夏的雾岛杜鹃花、秋日的红叶等也颇有盛名

13

『洋风』与『和风』：近代日本庭园的特征

和洋折衷的洋风庭园

江户时代持续了两个世纪的锁国政策导致日本文化几乎没有受到欧美各国的影响，一直保持着独特性。

然而，明治维新以后文明开化浪潮涌来，在现代化的名义下日本失去了许多文化遗产。特别是被称为"废佛毁释"的排斥寺院的运动也波及了庭园，许多有名的庭园惨遭破坏。

尤为严重的是东京，江户时代的大名宅邸的庭园被毁坏殆尽，与此相对的是洋房和洋风庭园的兴起。

洋风庭园指的是日本的造园工匠仿照西欧人工化的"规则式庭园"，"照葫芦画瓢"建造的西式庭园。

这种庭园一边使用着适合日本气候的本土植物与造园技术，一边引入了欧洲的喷泉、花坛、草坪等，并不完全是西欧式庭园，而是一种日西合璧的庭园风格。

和风庭园的改良倾向

一方面随着废佛毁释运动渐趋平静，日本国内开始倡导"富国强兵"的军国化运动，在国粹主义思想的影响下，恢复日本传统庭园的思想倾向开始萌芽。

这种倾向使得日本庭园得以亮相1867年的巴黎世博会、1873年的维也纳世博会、1876年的费城世博会和1893年的芝加哥世博会等，并获得了广泛赞誉，这也助推了"Japonisme"（日本主义）的热潮。

庆云馆庭园（滋贺县），也被认为是小川治兵卫的代表作

要点

了解洋风与和风庭园的区别

使用符合日本当地水土条件的造园技术建造的洋风庭园和融入了造园师的个人风格、不同于传统日本庭园的和风庭园登上了历史舞台。

从结果上来看，许多新的"和风庭园"诞生了。与上述的洋风庭园一样，和风庭园也并非纯粹的明治以前的传统庭园，而指的是运用了草坪等源自西洋的植物造景并融入了造园师个人风格的庭园。

洋风庭园

日本匠人运用日本的造园技术建造的西洋庭园即洋风庭园的代表作是1919年的旧古河庭园（东京都）。

该庭园原是陆奥宗光的宅邸，后来古河家继承了这片土地。英国建筑师约舒亚·康德尔在此设计了洋房及其面前文艺复兴风格的规则式庭园。

康德尔是被"雇佣的外国人"（日本政府为了现代化发展而雇佣的各行业外国人）。除了这座洋房以外，他还亲自设计了鹿鸣馆、东京复活大教堂（尼古拉堂）、旧岩崎邸等。旧古河庭园的洋房是一座砖瓦结构的建筑，外墙贴有新小松岩（真鹤半岛的一种熔岩）。据说，在遭遇关东大地震时，该建筑物安然如故，收容了2000名的避难者。

洋房建在小山丘上，庭园部分在房前的斜坡上被设置成露台状，大致沿左右对称种植着玫瑰花。

并且，该洋风庭园的斜坡下方就坐落着小川治兵卫建造的日本庭园。

旧古河庭园

英国建筑师约舒亚·康德尔设计的洋房是旧古河庭园的象征。洋房正面分布着修剪成几何造型的文艺复兴风格的规则式庭园，给人以深刻印象。斜坡下方建有日本庭园

和风庭园

清澄庭园（东京都）是明治时代以后建造的复古式和风庭园的代表作之一。

该庭园曾是下总国的大名久世大和守在江户近郊的宅邸，也曾是富商纪伊国屋文左卫门的宅邸。1880年，三菱集团的创始人岩崎弥太郎对其重修并改名为"深川亲睦园"。

此后该庭园的修建工程从未停止。从隅田川引水入池，收集全国各地的奇石布置于园内，逐渐形成如今的风貌。

该庭园最大的看点在于设计有3座小岛的池塘以及石组，名为"富士山"的筑山和被称为"矶渡"（渡石滩）的渡池飞石也十分有名。无数的名石遍布庭园，俨然是一座"奇石的博物馆"。

清澄庭园

清澄庭园内布置有诸如伊豆矶石、伊予青石、纪州青石、生驹石等许多名石。关东大地震以前，在名为"富士山"的筑山顶附近还曾种植了映山红等杜鹃属的灌木植物

在重森三玲庭园美术馆
亲身体验大师的作品

重森三玲不仅是造园师，作为庭园史学家也留下了丰功伟绩。
在"重森三玲庭园美术馆"（京都府）能够近距离欣赏重森三玲的作品。

重森三玲是昭和时代最具代表性的造园师，也是广为人知的庭园史学家。他自学庭园有关知识，并以1934年室户台风的受灾调查为契机实地测量、调查了全日本的庭园。1939年出版的《日本庭园史图鉴》（全26卷）系统地总结了这一实测调查成果。另外，1976年他还与儿子重森完途一起完成了《日本庭园史体系》（全35卷），作为庭园史学家取得了巨大的成就。

"重森三玲庭园美术馆"以美术馆的形式使重森三玲旧宅里的书院、庭园、茶室等公开亮相。来到这里，参观者可以近距离观赏三玲亲自设计的茶席、自己建造的书院前庭等作品，也能通过问答的方式详细地了解三玲的生平事迹、造园特点等。

从书院眺望的前庭之景

从茶室"好刻庵"眺望的前庭之景

● **重森三玲庭园美术馆**
　地址：京都府京都市左京区吉田上大路町34

各个时代的造园师

说起日本庭园的代表人物，就会想到梦窗疏石、善阿弥、相阿弥、小堀远州、小川治兵卫等造园师。

在这里，让我们一起从史料上最先记载的造园师梦窗疏石开始，按时代顺序梳理日本庭园史上的造园师。

奈良时代—平安时代（710—1185年）

※造园者的史料不详

镰仓时代（1185—1333年）

梦窗疏石（1275—1351）
- 永保寺庭园（1314年）
- 瑞泉寺庭园（1327年）

室町时代（1336—1573年）

梦窗疏石（1275—1351）
- 天龙寺庭园（1339年）
- 西芳寺庭园（1339年）

善阿弥（？—1482）　　**相阿弥**（？—1525）

雪舟（1420—1506）

安土桃山时代（1573—1603年）

千利休（1522—1591）
- 妙喜庵待庵（1582年）

古田织部（1545—1615）
- 薮内家茶室燕庵

江户时代（1603—1868年）

小堀远州（1579—1647）
- 二条城二之丸庭园（1603年）
- 京都仙洞御所（1627年）
- 南禅寺方丈（1629年）
- 大德寺方丈（1636年）

明治时代以后（1868年起）

小川治兵卫（1860—1933）
- 无邻菴（1896年）
- 旧古河庭园（1917年）

重森三玲（1896—1975）
- 东福寺方丈庭园（1939年）
- 松尾大社庭园（1975年）

14

认识各个时代的代表性造园师

造园师出现于镰仓时代以后

关于奈良时代到平安时代这段历史时期建造的净土式庭园和寝殿造庭园，由于史料记载不详所以无从知晓其造园师是怎样的人物。

据史料记载，能够证实的年代最久远的造园师是石立僧的代表者——梦窗疏石（1275—1351）。他作为前后7次被历代天皇敕赐国师尊号的高僧而名扬四方。

继梦窗疏石之后的造园师要数善阿弥（？—1482）。他隶属于室町时代的将军足利义政的"同朋众"[1]（演艺集团），参与建造了东山殿（即之后的慈照寺，又称银阁寺）。据说，同样隶属于"同朋众"的还有相阿弥（？—1525），善阿弥去世后他从事了造园的工作。

此外，同一时期参与造园的还有雪舟（1420—1506），他同时也是著名的水墨画家。据说他设计建造过几座枯山水庭园。

进入安土桃山时代以后，茶匠千利休（1522—1591）开始大展拳脚，建造了茶室与露地。千利休的祖父叫作田中千阿弥，与善阿弥一样同样是"同朋众"中的一员。利休的露地后来为三千家[2]所继承。

另外，千利休的茶道弟子"利休七哲"之一的古田织部（1545—1615）也建造了茶室与露地。

进入江户时代以后，古田织部的后继者是小堀远州（1579—1647）。他既是古田织部的茶道弟子，又任幕府的"作事奉行"[3]一职，建造了宫廷庭园和后期式枯山水庭园。

小川治兵卫（1860—1933）是活跃在明治、大正时代的造园师。他亲自设计了许多洋风庭园与和风庭园。因其对花草树木的栽培非常在行，便有了"植治"这一为人所熟知的爱称。

昭和时期造园师的代表是重森三玲（1896—1975），他不仅打造了许多杰出的枯山水庭园，身为庭园史学家的他还著有《日本庭园史图鉴》（全26卷），为后世留下了丰硕的成果。

1　同朋众：室町时代在征夷大将军的身边负责演艺和杂事的人群，这是一种职业，从业者有"阿弥"这一别名。——著者注
2　三千家：指由千利休的直系子孙所继承的茶道中千家流派的3个分支，即表千家、里千家和武者小路千家。——译者注，下同
3　作事奉行：幕府官职名，负责宫殿的建造、修理等土木工程。

各
造
园
师
的
造
园
特
征

梦窗疏石（国师）

独特的上下两段式布局

梦窗疏石虽身为禅僧，但却与庭园营造有着千丝万缕的联系，他亲自设计了京都的天龙寺、西芳寺，以及镰仓的瑞泉寺等众多庭园，并留存至今。

要论梦窗疏石的造园特点，首先就是"上下两段式布局"。观察永保寺庭园（1314年）会发现该庭园分成了上下两段：上段庭园是包含了建在后方的梵音岩上的灵拥殿，下段庭园以卧龙池为中心。

此外，瑞泉寺庭园（1327年）也是如此，坐落着偏界一览

永保寺（岐阜县）

1314年梦窗疏石在土岐赖氏的援助下建造的庭园。卧龙池后的梵音岩上建有灵拥殿。池上架有一座屋形桥，名为无际桥

瑞泉寺（神奈川县）

梦窗疏石是瑞泉寺的开山祖师，1327年创建了这座寺院。该寺院的正式名为"锦屏山瑞泉寺"，是通过削掉锦屏山半山腰的岩盘而建，它也成了后来疏石亲自设计的西芳寺庭园的原型

亭的上段庭园与拥有水池的下段庭园形成了两段式布局。同样，京都的天龙寺庭园（1339 年）上段庭园是建在后方山上的石庭，下段庭园以曹源池为中心。

后来，这些两段式布局手法在京都的西芳寺庭园（1339 年）中得以走向成熟。上段的枯山水庭园原是秽土寺，一座古时用于安葬孤魂的寺庙，以其后方古坟的墓石为枯山水用来表现秽土（地狱）。下段的池泉回游式庭园由原西方寺演变而来，铺满绿苔的庭园让人仿佛置身于西方极乐净土。此后建成的京都等持院庭园（1341 年）中也拥有上下两段式的构成。

再来看看疏石造园的其他特点。例如，只在池中设置一座龟岛的手法，借背后的远山形成"借景"并与庭园一起共同欣赏的赏景方式，用一条苑路贯通上下两段的庭园的设计手法，精心摆放的石组等。此外，坐禅的洞窟、垂直的岩壁上悬挂着的瀑布、鲤鱼石（分水石）等营造技法也值得一提。

惠林寺（山梨县）

于 1330 年创建的惠林寺，其开山祖师同为疏石，庭园坐落在正殿的北侧，拥有栽种着松树的池中小岛、须弥山石组、雄瀑等景观

天龙寺（京都府）

1339 年，足利尊氏为祈求后醍醐天皇的冥福而创建的寺院。天龙寺庭园被认为是 1345 年左右建造的，同时也被认为是前期式枯山水庭园的杰作

善阿弥与相阿弥

延续着古代风貌的慈照寺庭园

在室町幕府的第八代将军足利义政所重用的同朋众之中，在造园方面出类拔萃的有善阿弥与相阿弥。善阿弥亲自设计了相国寺荫凉轩（京都府）、兴福寺大乘院等的庭园。

那些据说与善阿弥和相阿弥有关的庭园，大多经过后世的大量改造，或者似乎仅仅是传言。但是，在相传由相阿弥所作的这座古色古香的京都慈照寺（1490 年）中，其石组的确令人瞠目结舌——大大小小的名石、奇石或对照鲜明，或富有韵律地被布置出精妙绝伦的造型。

其中特别精彩的要数布置在漱藓亭遗迹旁的"茶井"泉水的石组以及银阁寺前镜容池旁的石组。大小不一、纵横交错的石组加强了透视感，使庭园看起来比实际更宽阔。

千利休

讲究自然的露地设计

千利休拜武野绍鸥为师学习茶道，成了丰臣秀吉手下专司茶事的领头人——"茶头"，并把茶道提升到了艺术的领域。此外，他还设计了草庵茶室，创造了露地。

千利休创作的茶室之中，现存的仅有京都妙喜庵待庵（1582 年）。观察其露地会发现大多使用色调单一的天然石材（经水流打磨过的河滩上的圆润石子），洗手用的手水钵也是由天然石料凿刻而成。

此外延段（庭园中由平整的天然石块或加工过的石板铺成的细长路段）也尽可能使用天然石材，全力呈现不造作、纯自然的露地。据茶书记载，露地在设计上极力控制色调，甚至连杉木的绿色都尽量避免，茶室也涂得古香古色，避免花哨。这番不假人为的自然之美也可以说是"闲寂"[1] 之美。除此之外，大阪的南宗寺庭园也是千利休喜爱的庭园类型。

1 闲寂：日语写作"侘"，读作"わび（wabi）"，意为闲寂、恬静。日本重要的审美意识与茶道和俳谐的美的理念之一，指在贫穷与朴素之中追求内心的充实。

南宗寺（大阪府）

大林宗套是南宗寺的开山祖师，于 1557 年创建了这座寺院。寺中建有千利休喜爱的枯山水庭园，还能够观赏到由两块立石组成的形似瀑布的石组

古田织部与小堀远州

以"雅寂"为美

千利休所追求的茶道之美是"闲寂",而其徒弟古田织部以及徒孙小堀远州的茶道却被称作"雅寂"。

当比较他们在茶室露地方面的设计差异时,便会发现其差别,例如冬天为了保护庭园的树木免受霜冻而"铺松针",对此千利休会在茶会之前打扫露地,随后任由各种落叶自然铺满地面。而据说古田织部仅把松叶收集起来进行铺设,小堀远州则更是对铺地的松叶进行图案设计。此外,千利休只偏爱单调的天然石材,而古田织部和小堀远州则喜用加工成四方形的有色有棱的石头。

换言之,较之崇尚自然之态的"闲寂","雅寂"的美则指精心修整下的庭园。此外,小堀远州喜爱选择一定角度设计露地,还积极运用色彩丰富的花草树木和铁树之类的外来植物。

二条城二之丸(京都府)
这是任幕府作事奉行时小堀远州亲手打造的
代表性庭园。庭园内栽有铁树

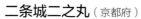

赖久寺(冈山县)
在该枯山水庭园中,铺着白砂的池子中央是鹤岛、后方是龟岛。据说这也是小堀远州建造的庭园,拥有小堀远州喜爱的刈込和人工飞石等,这些是其重要特征之一

小川治兵卫

确立日本庭园的新风格

小川治兵卫（爱称为植治）在明治大正时期确立了和风庭园这一全新风格，他以随心所欲地使用以往庭园中不曾使用的杂树、杂草等而闻名。而且，在枯山水庭园的石组设置方面，江户时代注重垂直性，往往将石头竖起。而他则强调水平性，喜欢将石头横倒布置。

无邻菴（京都府）
山县有朋[1]的别墅。借东山之景的池泉回游式庭园

他还擅长将草坪等源自西式庭园的植栽方式巧妙地活用在日式庭园中。

重森三玲

倡导个性化的庭园

昭和初期，重森三玲主要担任枯山水庭园的造园师，同时身为庭园史学家也留下了累累硕果。在庭园的石组方面，他致力于复兴安土桃山时代到江户时代的枯山水庭园，再次强调垂直性，将石头竖起摆放。

在东福寺方丈庭园里，既设计了正方形的飞石镶嵌在铺满苔藓的庭园中呈现出白绿方格相间的规则式庭园，也提出了将庭石排列成北斗七星之形、极具个性的造型性等庭园方案。

东福寺（京都府）
方丈庭园是由重森三玲1939年建造的。北庭规则式庭园，将石头和藓布置成了白绿方格相间的几何花纹

1　山县有朋：日本第3任、第9任首相。——译者注

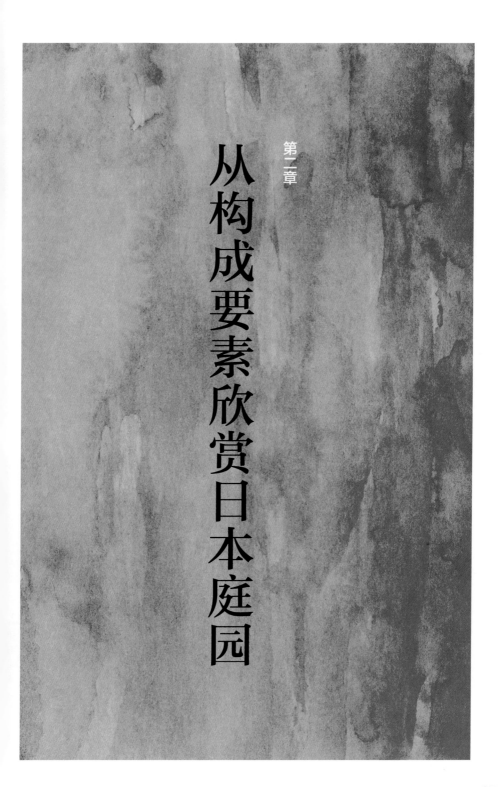

第二章

从构成要素欣赏日本庭园

探寻庭园的构成要素

欣赏日本庭园的妙趣之一：
要将焦点聚集到构成庭园的要素上，
领悟不同构成要素的主题意义。
古时的人们在思考着什么，又是以怎样的心情
打造出了深深打动现代人之心的日本庭园呢？
池塘、瀑布、石组、篱笆、灯笼……
如果了解了蕴藏其中的设计意图，
就能够更加愉快、深入地欣赏庭园
不拘泥于四时的自然之美，
将目光聚集在建造者想传达的心意上，
沉浸在那最初的起点吧。

水

日本庭园景观中不可或缺的要素就是"水"。日本庭园（除了枯山水）中必有的池塘，以丰富多彩的设计为看点的瀑布，再现小溪景色的遣水等，让我们去了解这些与水相关的设计意图吧。

平等院庭园（京都府）

法金刚院庭园（京都府）的青女瀑布

毛越寺庭园（岩手县）的遣水

庭石使用不经加工、保持自然形态的石材。石组通过大小石材的巧妙组合来表达各种设计意图，是日本庭园景观中与水并列的中心要素。

栗山公园（香川县）的小普陀

桂离宫（京都府）屏风松旁边的梳枝修剪绿篱

 除了上述3种要素以外，灯笼、手水钵、苑路等衬托庭园景观的要素也同样丰富多彩。造园家通过精心构思各要素的组合并加以合理布置从而打造出一座座日本庭园。

 观赏各色的花草树木——庭树营造出了四季不同风情的景观，而苔藓是仅见于日本庭园的独特要素，篱笆则大多使用各种自然形态的植物制成。

环绕桂离宫的绿篱

桂离宫的织部灯笼

毛越寺庭园的"荒矶"（多岩石的海滩）之景

青岸寺庭园（滋贺县）的三尊石

日本庭园的主流是『自然风景式庭园』

山、川、池…… 自然的缩影——日本庭园

日本原本就是多山多水的地形，因而人们相信万物有灵。因此，在造园时，注重自然的自然风景式庭园也成了主流。

京都的无邻菴，由小川治兵卫所建。该庭园是由三叠瀑布、水池、草坪等构成的自然风景式庭园

天龙寺（京都府）的日本庭园。采用"借景"手法，将庭园后的山丘之景融入庭园景观之中

日本庭园致力于呈现自然的缩影

在佛教传入日本前，日本人就十分重视神道教。而且，与基督教只崇拜上帝这位唯一的神明不同，日本民族自古以来就是个多神信仰的民族，他们认为太阳、大山、河川、草木、巨石等自然物之中都寄托着神明。

即便是如今的日本人，虽然对神明没有特殊信仰，但还是有许多人会参加新年首次的神社或寺院的参拜活动，佩戴神社的护身符。由于日本人一直以来都把大山、河川、树木、巨石、太阳、月亮等都当作自然之神来崇拜，所以在造园的时候日本人也十分看重寄托着神明的大自然的形态，于是"打造自然的缩影"就成了"造园"。这般临摹自然的庭园形式称为"自然风景式庭园"。

规则式庭园

创造出几何景观的规则式庭园

与日本传统庭园形成鲜明对比的是规则式庭园，通过人为手段对地形和植物进行加工，创造出几何形状的添景物。日本从明治时代以后开始正式引入这类庭园。

这是位于意大利罗马北部的波各赛公园内的花园一角。广阔的公园内坐落着规则式庭园，人们可以欣赏分布其中的几何形状的花坛和喷泉

法国巴黎郊外的凡尔赛宫，已被列入世界文化遗产。其拥有广阔的规则式庭园

发源于西欧的"规则式庭园"

与日本从古至今便一贯注重推崇自然风景式庭园不同，西欧的基督教国家则宣扬上帝是唯一的神明，世间万物皆由上帝创造，连自然也是上帝所造之物。

因此，当16世纪文艺复兴庭园在欧洲广泛流行时，与其说那是崇拜自然倒不如说是征服自然的手法主义（mannerism）思想得到发扬，通过人为手段对地形、植物、水流等进行加工来打造几何形状的花坛和喷泉。这便是欧洲"规则式庭园"名称的由来。

16世纪的欧洲大航海时代，基督教向世界各地的传教活动最终演化为军队出征菲律宾、果阿（如今印度的28个邦之一）、莫桑比克等地区进行的殖民统治。这样的殖民地化正是"手法主义"思想的产物。

水

17

池塘是日本庭园的中心要素

为纳凉而设的"池塘"

坐落于京都的许多寝殿造庭园属于贵族住宅，但由于京都属于四面环山的盆地地形，所以夏天格外闷热。

于是，在寝殿造庭园的设计中，在寝殿南部建池塘，使夏日里掠过湖面的南风给作为起居室的寝殿带来凉意。另外，还建有钓殿延伸到南侧池塘的水面之上，它是一个只有屋顶与地板的透空建筑，专为夏日纳凉而设。

贵族们是如何度过盛夏的呢？他们喜欢白天在钓殿里纳凉，夜晚在月光的照耀下乘舟游玩，在池中划船赏月是古时贵族们的一大乐事。

武家的书院造庭园内似乎也一定会在南部建造池塘为夏日去暑纳凉。

水池是日本庭园的中心

与桂离宫堪称双璧的修学院离宫（京都府）分为了上、中、下3座离宫（庭园），上离宫的水池是通过水坝拦河蓄水而成的，这也是离宫最大的看点。昭和初期访日的德国建筑师布鲁诺·陶特曾以"以眼纵观"[1]赞誉修学院离宫的雄伟壮观。尤其是夕阳染红池水的迷人风景，据说也是巧妙设计的景色。

这样看来，水池不仅是当时人们为了避暑纳凉而建的生活据点，也是庭园在视觉上最重要的构成要素。

德国的建筑师代表
布鲁诺·陶特

江户时期，桂离宫首创了被称为"池泉回游式庭园"的庭园形式，这成为此后大名庭园的一大特点。该类型的庭园以水池为中心，变换视角精心打造出许多与水池相关的各式景观。

除了后期式枯山水庭园以外，日本庭园的构成要素中首当其冲的就是水池，它曾是日本庭园的核心要素。

---

1 以眼纵观：桂离宫与修学院离宫经常被拿来做比较。布鲁诺·陶特曾用"以眼思索"来形容桂离宫的细腻，"以眼纵观"来赞誉修学院离宫的雄伟。——译者注

最初建造的池泉回游式庭园，
池塘几乎处在桂离宫的中央

修学院离宫的看点之一
就是上离宫的浴龙池。
右图为从西滨（池西的
土堤）眺望邻云亭

要点

水池曾是重要的景观要素

虽然是为夏日纳凉而建造的"水池"，但我们通过桂离
宫和修学院离宫的实例也能明白水池不仅是为避暑而
建，作为庭园的景观要素之一，它也发挥着重要作用。

园城寺（三井寺）光净院庭园
（滋贺县）。池中可见架着桥的
龟岛和夜泊石组以及由立石组成
的枯瀑布

小石川后乐园（东京都）也是以水池为
中心构建的池泉回游式庭园

43

18

净土式庭园中设有莲花池

源自佛教寓意的"莲花池"

净土式庭园是以具象化的形式创造了彼世的极乐净土。

据《阿弥陀经》记载，极乐净土的水池中生有莲花，人们通过莲花往生极乐。"一莲托生"一词便源于托莲花转世的这种思想。因此，净土式庭园才会在中央设置莲花池。

其中还记载到，引导死者前往净土的阿弥陀如来佛等佛祖也诞生于莲花之中，所以佛像中的"坐像"也一定是安置在莲花之上。这是将莲花出淤泥而不染、绽放纯洁之花的姿态与佛的形象重合后的产物。

莫奈的轶事

莲花除了是佛教的标志外，其作为佛教发源地的印度和斯里兰卡的国花也十分有名。

不过，佛教中所说的莲，原指的是睡莲。

法国画家克洛德·莫奈（1840—1926）是20世纪印象派的代表，其代表作《睡莲》拥有很高的知名度。然而其背后鲜为人知的是莫奈为此在自家住宅中专门建造了净土式庭园，以园中的睡莲连同拱桥一同作为素材反复写生创作出来的，并且他陆续创作了数量庞大的睡莲系列组画，总数约达200幅。

莫奈虽身为法国画家，却将原属于佛教中的睡莲植入（自己的）净土式庭园，使之成为绘画创作的对象，这可谓是颇有深意的轶事轶闻。

《睡莲1916》，帆布油彩，藏于东京国立西洋美术馆，松方藏品[1]
克洛德·莫奈于1916年绘制的自宅净土式庭园中的莲花池。（https://collection.nmwa.go.jp/P.1959-0151.html）

---

1 松方藏品：即松方幸次郎的收藏品，日本企业家、政治家与收藏家，毕生致力于西方艺术品收藏。——译者注

净土式庭园之一，奈良的圆成寺

要点

为重现极乐净土而建的池塘

由于莲花是"极乐净土中盛开的花朵"，加之在佛教观念中，人去世之后会通过莲花往生极乐世界，所以在净土式庭园中建造了"莲花池"。

日本的庭园指南

净琉璃寺

地址 京都府木津川市加茂町西小札场 40

净琉璃寺坐落于京都府与奈良县交界的一个名为当尾里（村）的地方，是现今唯一存放有九体阿弥陀佛像的寺院。以水池为中心，西侧坐落着供奉有九体阿弥陀佛像的本堂，东侧坐落着有药师如来像的三重塔，这是一个现存十分珍贵的平安时代净土式庭园的遗构。

称名寺

地址 神奈川县横滨市金泽区金泽町 212-1

称名寺起源于北条氏一族中的金泽流北条氏的先祖——北条实时在别墅内建造的阿弥陀堂，如今是关东地区仅存的净土式庭园，极其珍贵。据说，造园的是一位被称为性一法师的僧侣，庭园中央的池塘上架有朱红色的拱桥和平桥，给人留下深刻的印象。

19

将捕获的动物放归自然的放生池

鹤冈八幡宫（神奈川县）的源氏池

为仪式而建造的水池

寺院入口的山门前建造的"放生池"是为"放生会"而建的池塘。将捕获的动物在这里放归自然、禁止杀生的仪式叫放生会。据说放生仪式源于《金光明经》[1]中记载的传说，佛在前世曾拯救过因池水枯竭而奄奄一息的鱼，并将其放归自然从而转生到了三十三天。

日本除了佛寺以外，在全国各地的一些八幡宫（神社）也会筑造放生池，为的是在中秋月圆之夜即农历八月十五举行放生会。日本最早的放生会是于720年在大分县的宇佐八幡宫举行的。这是奈良时代大和朝廷为了追悼在镇压隼人[2]的反叛中战死沙场的人而举行的仪式。随着武士阶级的兴起，这一悼念仪式也在日本各地举办开来。

1187年开辟了镰仓幕府的源赖朝[3]开始在神奈川县的鹤冈八幡宫举办放生会。

> **要点**
>
> ### "放生池"是进行佛教仪式"放生会"的场所
>
> "放生"，如字面那样，指让生物回归自然。"放生池"是指为举办"放生会"而建造的池塘。"放生会"则是将鱼、龟、鸟等放归自然、禁止杀生的仪式。

1　金光明经：据说是4世纪左右完成的佛教经典之一。——著者注
2　隼人：古代居住在日本九州岛西南地区即萨摩、大隅等地的原住民。——译者注
3　源赖朝：日本平安时代末期至镰仓时代的武将及政治家，源义朝的第三个儿子，源义经的异母兄。镰仓幕府首任征夷大将军，也是日本幕府制度的创立者。——译者注

日本庭园的最高杰作——桂离宫

八条宫家初代的智仁亲王和他的儿子即第二代的智忠亲王花费数十年的时间营造了桂离宫。让我们一起看看桂离宫这一享誉日本乃至世界的建筑的营造历程吧。

桂离宫与八条宫家的大事年表

公历	日本年号纪年	主要事迹
1579年	天正七年	八条宫家初代的智仁亲王诞生，小名是六宫胡佐麿
1588年	天正十六年	胡佐麿（智仁亲王）成为丰臣秀吉的犹子（侄子）
1590年	天正十八年	八条宫家创立
1615年	元和元年	智仁亲王在桂别庄、下桂瓜田的简素茶屋中建造了古书院
1629年	宽永六年	智仁亲王薨逝。因智忠亲王年幼桂别庄无人看管迅速荒废
1641年	宽永十八年	智仁亲王的后继者即身为长男的智忠亲王扩建中书院
1649年	庆安二年	五座御茶屋（茶室）建成，第二期的扩建结束
1658年	明历四年	后水尾上皇首次巡幸桂别庄
1662年	宽文二年	智忠亲王薨逝。此时，中书院南侧的乐器之间与新御殿建立，第三期的扩建随之告一段落
1696年	元禄九年	因智忠亲王无子嗣，作宫皇子入继八条宫家成为第六代当主，并改宫号为"常盘井宫"随后在4岁时薨逝。此后，作宫皇子的兄长，文仁亲王于元禄九年成为第七代当主，并改称为京极宫
1881年	明治十四年	1810年"京极宫"改名为"桂宫"，1881年十一代当主桂宫淑子内亲王薨逝，桂宫家绝嗣。两年后，桂别庄归属宫内省管辖，成了桂御所（桂离宫）
1933年	昭和八年	布鲁诺·陶特参观桂离宫，后来他以"美得落泪"来高度赞美桂离宫给他留下的印象
1976年	昭和五十一年	古书院群、茶室等建筑陆续开始进行落架大修。平成三年（1991年）3月修缮工程结束

桂离宫是于1615年左右开始建造的回游式庭园，以水池为中心的约7万平方米的用地中散布着"月波楼""松琴亭""赏花亭"等御茶屋。此外，桂离宫还融入了第二章所介绍的水、石、植物等庭园的构成要素，拥有四季各异的美景。"昭和与平成的大修"等数次修缮还历历在目，得益于此，如今我们依然能够欣赏它那美丽的姿态。

● 桂离宫

地址： 京都府京都市西京区桂御园

20

祈求长生不老的『三神仙岛』

受古代中国的思想影响

《作庭记》中主张，池塘中必须要造称为"三神仙岛"的3座小岛。

神仙岛源于古代中国长生不老的"神仙思想"。那时人们相信，传说中神仙住在神圣的高山之中，那里喷涌着能让人长生不老的灵泉，坐落有金银珠宝装饰而成的宫殿。

从秦始皇开始，中国历代帝王们也在宫殿里筑造了象征着大山的神仙岛并以此为中心建造庭园，以求长生不老。

这样的神仙思想也早已传到了日本，《竹取物语》和《源氏物语》等作品中都写有长生不老的灵山"蓬莱山"。

以池为海，以石为岛的中国庭园形式也逐渐普及了日本，并在日本庭园得以体现。794年建造平安京时，利用泉水打造了与皇居大内里接邻的"神泉苑"（京都府），它成了举行重要仪式的场所。"神泉苑"过去也写作"神仙苑"，可以看作是日本天皇曾经模仿中国皇帝建造神仙岛的痕迹。

从神泉苑的古代图纸来看，泉水喷涌的水池中央的确布置着小岛。进入江户时代以后，由于神泉苑的泉水被引入二条城二之丸庭园（京都府），所以现在与其邻接的神泉苑仅剩一小块池泉庭园了。

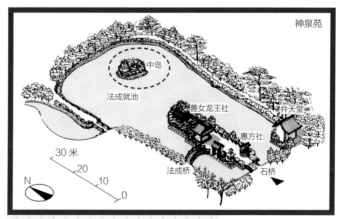

人们认为当时的天皇在神泉苑中模仿中国皇帝建造了神仙岛

要点 以池为海、中置小岛

受古代中国神仙思想的影响，日本庭园中也引入了祈求长生不老的仙山并称之为"三神仙岛"。

21

化身为彼世的池中小岛

『蓬莱山』『须弥山』『鹤龟岛』

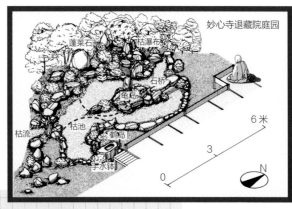

妙心寺退藏院庭园 / 蓬莱石 / 枯瀑布 / 石桥 / 龟岛 / 枯流 / 枯池 / 鹤岛 / 手水钵 / 6米 / 3 / 0 / N

要点　"须弥山"与"鹤龟岛"

三神仙岛的原型由祈求长生不老的"蓬莱山"、古印度宇宙观中心的"须弥山"以及祈求长命百岁的"鹤龟岛"组成。

观察妙心寺退藏院等枯山水庭园，会发现鹤龟岛的形态各异

印度宇宙观的中心——"须弥山"

正如前文所说，出于对长生不老的憧憬，三神仙岛的小岛首先被比作蓬莱山。

然而，池中小岛并不仅仅来源于对蓬莱山的模仿，有时还被想象为佛教与婆罗门教等古印度宇宙观中心的"须弥山"。佛教认为，太阳与月亮围绕着须弥山转动，须弥山四方还有七重金山与铁围山，群山之间还有八片海域，这便是古印度宇宙观中的"九山八海"。为了表现这一理念，池中特意布置了浮于水面的石头，名为"九山八海石"。

祈求长命百岁的"鹤龟岛"

池中小岛还会被假想为鹤岛和龟岛，古来就有"千年鹤、万年龟"的说法，鹤龟岛是为祈求长命百岁而筑造的。在室町时代，虽说梦窗疏石推动了鹤龟岛的流行，但观察天龙寺庭园等的鹤龟岛，便会发现它们的做法与其他的小岛并无二致。但在雪舟建造的东福寺芬陀院（京都府）中，已经将鹤岛的石头垂直竖立，而龟岛的石头则水平躺卧，开始出现形态各异的表现。除此之外，妙心寺退藏院（京都府）的鹤龟岛也广为人知。

室町时代以后，鹤龟岛渐渐淡出人们的视线，但到了江户时代，小堀远州复兴了枯山水庭园，这也带动了鹤龟岛的再次大流行。

22

『瀑布』是自然风景式庭园的核心

从日本特有的地形诞生出日本庭园中必不可少的要素

日本身为岛国，与平原广阔的大陆国家不同，因地形起伏落差大，河川也都短小湍急，故而呈现出多样的地形地貌。

其中，瀑布作为日本变化最多端的自然景观，一直深受人们的喜爱。因此，对致力于打造自然风景缩影的日本庭园来说，瀑布自然是不可或缺的重要要素，在庭园中定有其一席之地。

若说西洋的规则式庭园中花费最多巧思的水景是喷泉，那么在日本的自然风景式庭园当中当数瀑布了。瀑布受重力作用，水流倾泻而下；喷泉则是与重力作用相反的人工设计，水自下而上喷涌而出，这两者可谓是两种庭园形式中个性鲜明的象征性景观。

它们都被设计在庭园的重要位置，也可以称得上是庭园的焦点。

法金刚院庭园青女的瀑布

要点 1

日本独特的风景美

据说，从飞鸟时代开始庭园中渐渐出现了"瀑布"的身影。瀑布正是诞生于日本富有高低变化的独特地形中。

借东山之景的无邻菴的三段瀑布，造园者是近代日本庭园的先驱——小川治兵卫

要点 2

从视觉和听觉上来欣赏瀑布

富有变化的三段瀑布。我们可以从视觉上欣赏它流动的身姿，从听觉上领略潺潺的水声。银阁寺的洗月泉与醍醐寺三宝院的瀑布等闻名遐迩。

"瀑布"拥有多种水流倾泻方式

日本庭园的瀑布，根据水流倾泻方式的不同可以分为各种类型。

水流从高处的瀑布口径直倾泻至跌水潭的瀑布，称为"直瀑"；从瀑布口倾泻而下的水流若在途中分成了几股支流，称为"分歧瀑"；而如果水流下落时形成两段或三段曲折的台阶状，则称为"段（叠）瀑"。此外，在倾斜的石组表面上缓缓滑落的瀑布称为"溪流瀑"。

另外，不管水流以怎样的方式倾泻，那种仿佛垂挂的白布一般奔腾不息、厚度均一、飞流直下的瀑布称为"布瀑"，在日语中该词也被用来称赞出类拔萃的瀑布。

虽说姿态多样的瀑布是一道无与伦比的风景，但瀑布还承担着另一个使命——它还为庭园增添了声音的要素。清凉的水声更为庭园增添了几分迷人的气息。

51

23

枯山水庭园里的枯瀑布景观——龙门瀑布

作为"登龙门"词源的枯瀑布典型

瀑布这一庭园要素并非只存在于运用流水造景的池泉式庭园之中，枯山水庭园中也能通过石组来表现没有水流的瀑布。这种瀑布叫作"枯瀑布"。

其典型实例是天龙寺庭园内池塘正对岸布置着的"龙门瀑布"。它是仅用石组表现的三段瀑布，第二段的瀑布部分布置了一种形似鲤鱼的"分水石"（用以分割水流的石头）——"鲤鱼石"。

据说这是再现中国山西省黄河龙门瀑布的"鲤鱼跃龙门"的故事。

为了成功必须要跨越的难关称为"登龙门"，天龙寺的龙门瀑布就是它在日本的词源。

天龙寺庭园的龙门瀑布

要点

"鲤鱼跃龙门"的表现

三段的瀑布石组"龙门瀑"的上段是远山石、中段是鲤鱼石、下段是水落石（瀑布口承接瀑布水流的石头）。其中，表现"鲤鱼跃龙门"的鲤鱼石扮演着重要的角色。

24

『遣水』再现原野小溪之景

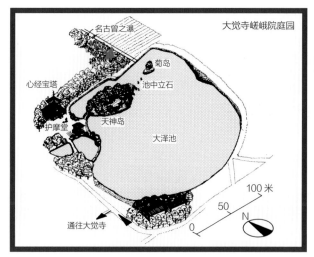

因名古曾之瀑而闻名的大觉寺嵯峨院庭园（京都府）。在平成6年（1994年）的考古发掘中发现了中世纪的遣水并加以复原

寝殿造庭园里不可或缺的要素

将水引入庭园池塘的水渠称为"遣水"，它在平安时代的寝殿造庭园中就已开始出现。

由于寝殿造庭园大多建在京都，而京都东北部地势较高，因而遣水也是自庭园的东北部引入并流过寝殿和对屋注入南边的池塘。

流水在中途虽曾流经寝殿与对屋之间的"坪庭"（内院），但为了再现京都的嵯峨野（嵯峨附近的田野）和紫野（栽培紫草的田野）等情趣盎然的原野

> **要点**
>
> ### 再现原野之景的"野筋"
>
> 将水引入庭园池塘的水渠称为"遣水"（曲水）。通过在水渠的中途营造连绵起伏的"野筋"地貌，重现了情趣盎然的原野之景。

风光，古人创造了"野筋"这一连绵起伏的缓坡小冈地貌并播种野草、放养昆虫。野筋之间，遣水化身为清凉的浅溪（言其尺寸之小）潺潺流过。而且，造园者还尽量使其呈蜿蜒曲折之姿，置石赋予水流变化，营造流水拍石白浪起的雅趣，同时对流水声也进行了细致入微的设计。

为使人们能够欣赏潺潺流水并享受戏水之乐，遣水上多有搭建低矮石桥的惯例。

25

舟游式庭园的遣水可通河川

遣水还发挥着水上交通的作用

苑路环绕庭园一周的庭园形式叫作"回游式庭园"，与此并列的还有一种被称为"舟游式庭园"的特殊的庭园形式。

"舟游式庭园"里的水池周边设有多处名为"小码头"的护岸设施，这种布局使乘舟游览成为可能。

桂离宫就是舟游式庭园的典型代表。曾经，水池能够通向为它提供水源的桂川，人们不仅可以享受舟游之乐，还能乘船前往丹后和有马等当时的观光胜地旅行。

这类遣水不单纯是为了赏景和仪式而设置的水渠，它也兼备着水上交通的作用。

> **要点**
>
> **利用遣水驶向庭园之外**
>
> 据说，过去桂离宫曾经可以通过遣水驶向桂川，前往丹后和有马等当时的观光胜地旅行。

日本的庭园指南

龙安寺

地址 京都府京都市右京区龙安寺御陵下町 13

1450 年，细川胜元继承了原是德大寺家的别墅土地后创建了龙安寺。石庭是仅由石块、白砂、围墙等构成的枯山水庭园，如今已被列入世界文化遗产。龙安寺因拥有许多与造园家和造园时期有关的谜团而闻名，其中最有名的便是布置于白砂之上的15 块石头。据说，由于在 1619 年以后才允许在方丈庭园里置石，而且根据考古发掘的调查结果也只检测出了江户时代的地层，因而该石庭很可能是在江户初期建造的。

26

遣水是曲水宴中不可或缺的要素

毛越寺庭园的遣水是极为珍贵的平安时代的遗构。
每年初夏时节会以遣水为舞台举办"曲水宴"

曾经的贵族娱乐方式"曲水宴"

一般而言，庭园的南侧会布置池塘，但由于受庭园建设用地的面积以及地形的制约，自古以来便有不带池塘的庭园。然而，即便庭园内没有池塘，也一定会设置遣水。

这是因为对于当时的贵族而言，他们享受庭园的方式之一是"曲水宴"，这是一种源于中国古代的宴饮习俗，在先秦时期便已经形成。这种娱乐活动的规则如下：贵族们坐在蜿蜒流淌的遣水边，在酒杯随着水流飘到自己面前之前需吟咏诗歌，若做不到则要罚酒。

曲水宴是平安贵族的一大消遣。在深度描写当时贵族生活的《源氏物语》中，曲水宴屡屡和遣水携手登场。

遣水也广泛出现在后来贵族建造的净土式庭园以及书院造庭园等庭园之中。毛越寺是净土寺庭园在平安时代的遗构之一，每年这里都会举办以遣水为中心的曲水宴，令前来观光的游客大饱眼福。

> **要点**
>
> **为贵族们的消遣而建**
>
> 平安贵族的一大消遣就是"曲水宴"，为了举办这一宴会，即便是不带池塘的庭园也同样引水环曲成遣水。

欣赏自然风化的庭石之趣

庭石与石组

不经人工雕琢且布置在庭园重要位置的天然岩石称为"庭石"（园林景观石），两个以上庭石的搭配组合称为"石组"。

在欧美国家，使用不经加工的天然石料的建筑可谓少之又少。天然石那粗糙的表面在风吹雨打与河川的洗礼下不断变化，欣赏天然石材的自然风化之趣也体现了日本的自然风景式庭园的特质。

仅仅一块庭石也值得鉴赏，庭石承担着创造庭园景观的核心作用。当庭石被用于石组之时，一般情况下会选用同类同色但大小各异的庭石来进行搭配组合。

垂直竖立的石头称为"立石"，横向卧倒的石头称为"伏石"，四平八稳的长条形的石头称为"平石"，在庭园的显眼位置重点布置的石头称为"构石"或"景石"。

飞石的种类

在庭园的苑路中，沿行进方向铺设的踏面平整的石板被称为"飞石"。飞石又可以细分为三类：①踏面面积小的称为"一足物"；②可双脚站立的称为"二足物"；③可以多人同时站立的大飞石又称为"多足物"。

飞石的排布称为"打"，而"打"又可分为"二连打""三连打"以及呈斜对角排列的"雁打"等。还有一种称为"气势"有时也称"弃石"的飞石，专为飞石苑路"造势"和增添情趣而设，实际上并不会被踩踏。铺设在苑路岔路口的飞石称为"踏分石"（分径石）。

此外，在建筑物的入口铺设的石块称为"沓脱石"（脱鞋石），由于这块石头铺设在人们低头脱鞋时的目光自然汇集之处，所以它的设计也是花样百出。

桂离宫御舆寄中门下的飞石

要点　庭石的种类

布置在庭园中且不经人工雕琢的天然岩石称为"庭石"。组合搭配后使用的庭石称为"石组"，而沿苑路行进方向铺设的庭石称为"飞石"。

小川治兵卫

正如前文所述，沿苑路行进方向铺设的庭石叫"飞石"，排列飞石称为"打"。并且，根据排列方式的不同，"打"法也各式各样。

二连打、三连打

这种飞石通过两块或三块飞石笔直排为一组并左右错开形成。

直打

将飞石排列成一条直线，这是最基本的打法。

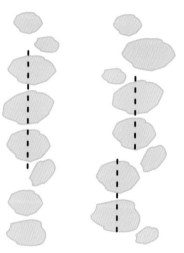

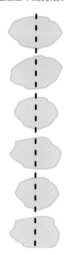

千鸟掛

指每块石头都呈左右交错排列（即千鸟排列）的飞石名称。

雁打

如同天空中成群结队飞翔的雁群一般，因此得名。

二三连打

为增添视觉上的变化而将二连、三连等的飞石以斜向交错的方式进行排列组合。

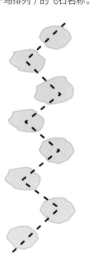

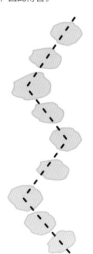

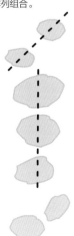

28

了解石材的种类与质地

庭石的种类

庭石一般是采用从山上、海边、河川等地采集到的纯天然的石块，其分别叫作"山石""海石""川石"并被灵活运用在庭园之中。

山石是带有棱角的粗糙石块，常带有山岩的沧桑，极富质朴的韵味。海石和川石受水流打磨，呈现出圆润而沉稳的气质。

另外，若从材质上对庭石进行分类，可以大致分为"岩浆岩""沉积岩""变质岩"三大类。岩浆岩是火山喷出的岩浆冷却凝固后形成的花岗岩等岩石。而沉积岩则是由砂粒聚集而成的砂岩和板岩沉积到大海或河流底部后又固结成岩，随地质运动隆起、露出地表。由于堆积岩质地比较软，经常被加工成一种名为"切石"（石板、铺路石、细石块）的庭石。

此外，变质岩则是岩浆岩与沉积岩在地球内部受到挤压后固结而成的岩石，耐磨性好，其中的绿泥片岩、花岗片麻岩等经常被用作庭石。

> **要点**
>
> ### 灵活选用庭石
>
> 庭石大致可以分为"岩浆岩""沉积岩""变质岩"三大类。譬如，岩浆岩的颗粒较粗糙，切割后的截面会呈现出凹凸不平的样子，相比之下沉积岩的颗粒较为细腻柔软。一般根据石材特色灵活选用庭石。

布置着许多名石的清澄庭园（东京都）

了解岩石的特征

关于庭石所属的岩石种类和质地在前页已进行了说明，此处将更详细地介绍岩浆岩、沉积岩、变质岩的特征。

岩浆岩

岩浆岩分为两类，一是岩浆在地表附近迅速冷凝而成的"火山岩（喷出岩）"，二是在地下深处缓慢冷却、凝固而成的"深成岩"。"火山岩"由粗大的矿物结晶和细小的玻璃质构成，"深成岩"全部由结晶的矿物质组成。此外，根据岩石中所富含的矿物成分还能继续细分为几种岩石如超基性岩、基性岩等。

岩浆岩	火山岩	流纹岩、安山岩、玄武岩
	深成岩	花岗岩、闪长岩、辉长岩

颗粒粗，制作成飞石不易滑。切割后的截面会呈现出凹凸不平的样子，具有朴素的韵味

沉积岩

原有的岩石经过风化、侵蚀形成的砾石、砂、泥以及火山灰和生物残骸等颗粒，在海底、湖底等水底或是地表上沉积、固结成岩，这样的岩石叫"沉积岩"。根据沉积物的不同，水成岩又可以分为碎屑岩、化学沉积岩、生物沉积岩等种类。沉积岩覆盖着大部分陆地，它分布的地层也十分普遍。

沉积岩	碎屑岩	泥岩、砂岩、砾岩等
	化学沉积岩	岩盐、石膏等
	生物沉积岩	石灰岩、燧石、煤等

颗粒细而柔软，经常被加工成切石使用

变质岩

火成岩、沉积岩等原有的岩石有时会再次经过高温高压的作用（变质作用）后变成其他的岩石。通过这个过程产生的岩石称为"变质岩"。它又可以分为三种：一是受高温而形成的接触变质岩，二是受到高温高压形成的区域变质岩，三是由于岩石变形、破碎而形成的动力变质岩。

变质岩	接触变质岩	结晶灰岩、角岩等
	区域变质岩	片麻岩、蛇纹岩、千枚岩、片岩等

摩擦力强，既用于飞石也用于瀑布和遣水的石组中

资料提供：岐阜县博物馆

29

了解石组的寓意才更能享受庭园之乐

石组是庭园欣赏的绝妙之处

在枯山水庭园和书院造庭园中，将各式岩石组合而成的石景称为"石组"。

石组中，根据置石的位置、形状、组合的不同会蕴含丰富的含义。赏游庭园的妙趣之一就在于一边品味这些含义，一边从整体上欣赏庭园。下面将就石组的意义列举一些有代表性的例子。

> **要点** 石组的造型所具有的含义
>
> 石组与水同样都是庭园中必不可少的要素。如果明白须弥山（体现了佛教的宇宙观）、三尊石组（刻意再现佛教三尊佛的石组）等各个石组的具体意义，那么庭园欣赏之趣将成倍增加。

须弥山

有时候会用石组来表现所谓的"须弥山"，它在佛教的宇宙观中具有核心地位。在藏传佛教中，西藏的冈仁波齐峰被视为须弥山，环绕四周的群山被比作菩萨，它们仿佛构成了一幅天然的曼荼罗，因此冈仁波齐峰也是佛教的圣地。

在枯山水庭园中，通常会在石组中心位置竖立起象征须弥山的高大竖石，四周布置着象征七座山、铁围山以及八片海的多重石组，寓意着"九山八海"。

在枯山水庭园的实例中，画匠雪舟所建造的东福寺芬陀院被认为是须弥山石组的代表作。而在净土式庭园里，毛越寺的须弥山石组也十分有名。

另外，鹿苑寺金阁（京都府）所在的池面上也有"九山八海石"，但（不同的）是仅在池中布置一块单独的岩石来表现须弥山。

毛越寺庭园中分外美丽的须弥山

普陀洛山

在佛教的宇宙观中，观音菩萨所居住的山称为"普陀洛山"[1]。传说，观音菩萨是指成佛之前尚未开悟的形态，观音是能够观察众生祈祷的声音，解救众生的菩萨。

进入中世[2]以后，比起佛教中地位更高的药师、阿弥陀、释迦等如来，反而是贴近平民百姓、降福于现世（在此世广施救济世人之功德）的观音，信众广布，"观音信仰"广泛地流行开来。

观音信仰的别称又叫作"普陀洛信仰"，因此庭园才会采用石组来表现普陀洛山。

代表性的庭园有香川县的栗林公园，据称由于该庭园的西南部有鬼魂出入，所以自古以来为了镇护受到忌讳的"里鬼门"[3]，就一直存在着观音堂遗迹和被称为小普陀的筑山石组。

香川县高松市里的栗林公园是由6个池塘、13座筑山构成的大名庭园。照片中的小普陀石组是传说中栗林公园的发祥地

1　普陀洛山：梵文名为Potalaka，又译作补怛洛伽山、补陀落伽山等，意为光明山、海岛山、小花树山。——译者注，下同

2　中世：在日本指镰仓、室町时代，相当于中国的宋元明时代。

3　里鬼门：即内鬼门。在堪舆学中，西南方为内鬼门，东北方称鬼门或外鬼门、表鬼门，均是不吉利的方位。

三尊石组与礼拜石

在佛像中存在着以如来像为中尊，左右安置胁侍菩萨像的"三尊形式"，通过石组将此表现在庭园之中的就是"三尊石组"。

净土式庭园以安置着阿弥陀如来像的阿弥陀堂为中心，园院内布置的阿弥陀三尊石组，即中尊为阿弥陀如来佛，左右胁侍为观音菩萨与大势至菩萨。其中，西芳寺（京都府）的池中小岛和青岸寺庭园的三尊石组尤为著名。

还有以下几种三尊形式：①以佛法的创始者释迦如来像为中尊，左右胁侍为文殊菩萨和普贤菩萨的释迦三尊。②以传说中能使人免受疾病之苦的药师如来像为中尊，以日光菩萨与月光菩萨为左右胁侍的药师三尊。③以激烈的愤怒引导世人的不动明王为中尊，左右为金伽罗（矜羯罗）和制吒伽两童子的不动三尊。

此外，在叩拜这些三尊石组之时，为了跪坐方便有时会放置一种被称为"礼拜石"的平坦岩石，以南禅寺金地院庭园（京都府）的礼拜石最为著名。

其实叩拜并不拘泥于三尊形式，还存在叩拜单独的一块庭石的情况，这种石头叫作"守护石"。京都府醍醐寺三宝院庭园的"藤户石"即是颇负盛名的实例。据说，武将织田信长先得到此名石，而后丰臣秀吉又将它移至三宝院。

另外，西芳寺庭园和慈照寺庭园（京都府）等的"夜泊石"也被认为是一种守护石。数峰岩石在水中依次排开，据说是模仿阿弥陀如来佛出现时相继显现的菩萨的身姿。

居于青岸寺庭园内最高处的三尊石

十六罗汉石与影向石（显灵石）

中世以后，日莲宗和禅宗日趋兴盛，较之佛教造像，人间高僧更能凝聚信仰，于是在各个宗派的寺院中对十六罗汉的崇拜开始流行起来，他们是佛教经典中所记载的已开悟的16位僧人。模仿这十六罗汉姿态的石组称为"十六罗汉石"。奈良唐招提寺东室的枯山水庭园中的罗汉石最为有名。

另外，佛神的显现称为"影向"（显灵），在其出现的场所放置的庭石被称为"影向石"。据说这就是神社的起源，神明寄宿于"磐座"（巨石）之上，为了不让神明经受风吹雨打，便在石上加盖屋顶，之后逐渐演变成了神社。

一般情况下，影向石上绑有注连绳（秸秆编制而成的草绳），受所谓神是佛的化身这种"神佛习合"思想的影响，注连绳一直以来被认为是寺院的守护之物，又或是神社中寄宿着神灵的神圣之物而受到信仰。西芳寺庭园的影向石广为人知。

乐器石与坐禅石

我们已了解到夜泊石是模仿众菩萨姿态的石组，这样的菩萨群被称为"圣众二十五菩萨"。

传说中这些菩萨会演奏着太鼓、琵琶、笛等乐器降临世间。因此，庭园里也会布置形似乐器的庭园来表现菩萨，这样的石组叫作"乐器石"或"圣众石"，奈良圆照寺庭园的圣众石颇负盛名。

再者，禅宗的僧侣在自然中进行"坐禅"冥想的修行时用来静坐的石头称为"坐禅石"。西芳寺庭园的坐禅石十分有名，其正面营造有枯山水庭园，据说梦窗疏石也曾在这块石头上坐禅修行。传说这块坐禅石正面的石组取自背后的洪隐山古坟的石室所掉落的墓石，这样的设计或许是希望坐禅者可以一边眺望着墓石一边冥想，将人死之后一切归"无"的禅的境界探求到底。

阴阳石与七五三石组

"阴阳石"指的是象征着男根和女阴的石头。江户时代的大名家如果后继无人很可能会受到幕府严厉的处分，所以如何使家族人丁兴旺成了他们亟待解决的问题。在这样的背景之下，许多大名庭园里布置了祈求子孙兴旺的阴阳石石组。典型实例是冈山后乐园（冈山县）的阴阳石，其尺寸之大在大名庭园中可谓首屈一指。

除此以外，这类因迷信而设置的石组还有"七五三石组"。

在日本重要节日的日期中，例如一月一日（元旦）、三月三日（桃花节[1]）、五月五日（端午）、七月七日（七夕）、九月九日（菊花节[2]）等全部都是一位数的奇数，因为人们历来认为奇数才象征吉祥，而偶数是不吉利的数字。

这样一来，人们也将"七、五、三"的吉祥数字运用在了庭园石组的设置上。其代表案例有大德寺本坊东庭（京都府）。

冈山后乐园的庭园内总计有8处阴阳石。照片是延养亭前的阴石。此外，还有被称为大立石、乌帽子岩的巨大阴阳石

1 桃花节：日本重要节日之一，也称为女儿节，桃节，上巳节等。——译者注，下同
2 菊花节：日本重要节日之一，即重阳节。

63

风景石组

除了前述的"佛教石组"（须弥山、蓬莱山、三尊石组、礼拜石、坐禅石、守护石）和"吉祥石组"（鹤石组、龟石组、阴阳石、七五三石组）以外还有一种"风景石组"。

例如，用石组表现的跌水景观的"瀑布石组"便是其中之一。此外还有置于山畔或筑山上用来表现连绵群山的"连山石组"，也是风景石组的表现手法之一。

另外，"护岸石组"也是一种风景石组。这种石组设置在池塘和遣水的岸边，在保护水岸免受水流侵蚀的同时，还能在池边营造出多变的风景。

修学院离宫，下离宫中的白丝瀑布

筑山与野筋

"筑山"与本书中到目前为止所叙述的石组略有不同，它是通过堆砌挖池的泥土并因地制宜利用自然地形在庭园内营造的假山。枯山水庭园可以大致分为两种，一种是前期式枯山水，另一种是1619年以后的后期式枯山水。后期式枯山水是建造在方丈前庭等平庭（平坦的庭园）上的，与此相对，前期式则是营造在筑山斜坡上的庭园。

西芳寺上段的枯山水庭园建造在洪隐山上，这就是筑山的典型案例。这也对后来的北山殿和东山殿等的上段枯山水庭园的石组带来了影响。

另外在筑山中，地势斜度比较舒缓的山坡小冈又被称为"野筋"以示区别。《作庭记》中写道"筑造假山与营造野筋之事，须因地制宜，随池之姿"，从中我们可以明白，如果坡度过大，那么在营造遣水时水的流速就会过快，为减小坡度古人才开始营造"野筋"这种起伏平缓的地势。

与《作庭记》一样编写于中世的造园书籍《山水并野形图》，描写了野筋的石组所呈现的姿态——岩石仿佛是从筑山上滚落下来并平稳地停在斜面上。

这种野筋的典型实例同样可以举出西芳寺上段的枯山水庭园，正如前文所述，其实该野筋上的石组正是取材于从洪隐山古坟的石室上崩落的岩石。

30

篱笆的种类：『绿篱』与『侧篱』

绿篱的种类

为划定庭园的边界而设的围墙称为"篱"[1]。而篱的词源是"限（kagiri）"，这既能起到将人工的庭园与自然景物相区别的作用，又是为了激起人们想进入庭园一探究竟的好奇心而特意编排的要素。

篱笆可以大致分为两类，一是直接以植物栽植而成的"绿篱"，二是运用竹子、木板和柴枝等人工制作的"侧篱"。

绿篱中既有那种乍看之下似篱非篱、自然生长状态下的植栽形式，也有精心修剪成几何造型的"刈込篱"（型篱、整形绿篱）。此外，桂离宫中还有一种利用带有竹叶的天然竹子制成的"桂篱"。一般而言，绿篱会因地制宜地栽培苗木，用于绿篱的树木通常选择在背阴地也不易枯萎的常绿树，如山茶花、金芽黄杨、龙柏、大叶黄杨等。有时也会将许多不同种类的树木混在一起制作绿篱。

下一节中将详细介绍侧篱，由于它与和服的"袖子"一样由各类建材组装成四四方方的形状，所以在日语中它被命名为"袖篱"。

桂离宫御幸道的绿篱

桂离宫的竹制侧篱

1　篱：日语中篱写作"垣"，读作"かき（kaki）"，与表示界限的"限"的读音"かぎり（kagiri）"相近。——译者注

31

侧篱根据竹子的形状与组成方式分类

侧篱的种类

　　将排列整齐的竹子用绳子固定后形成的竹篱，是一种最常见的侧篱。

　　其中，有一种名为"方格篱"的竹篱，它以圆木为支撑，直接用绳子将未经切割的竹子纵横交错地编织在一起，是当时最受欢迎的竹篱。另有一种竹篱被称为"建仁寺篱"，是一种将粗竹子劈成两半后紧密排列而成的篱笆，因建仁寺（京都府）别出心裁的设计而得此名。

　　此外，以石墙为基础在其上建造建仁寺篱，再在后边设置刈込篱就形成了"银阁寺篱"，冠以此名是因为该篱笆修建在了慈照寺（银阁寺）的参道上。

方格篱

最常见的方格篱上下有四个空格，因此得名。图中是桂离宫御幸门的方格篱

建仁寺篱

据说是建仁寺最先开始制作这样的篱笆，因而冠以此名。这是将竹子劈成两半后又紧密排列的设计

另外，还有一种称为"矢来篱"的篱笆，是通过将竹子编成菱形栅栏，并将竹子的上端斜切、削尖，目的在于防止人或动物翻越。

"光悦寺篱"相传是画匠本阿弥光悦所设计的篱笆。这种篱笆与矢来篱的区别在于，它没有把竹子的上端削尖，而是将劈开的竹子捆成一捆后水平地放置在菱形的竹栅栏上，光悦寺庭园（京都府）中使用着这种竹篱。龙安寺中使用的"龙安寺篱"以及另一种名为"高丽寺篱"的竹篱也是这种结构。

最别具一格的篱笆当属"沼津篱"。这种篱笆主要用于静冈县的沼津地区，当地为保护庭园免受强风天气侵害，而采用了这种由竹子和茅草上下交编成竹席状的篱笆。

龙安寺篱

该篱笆的特征是将竹片编成菱形来打造篱笆间的空隙且高度较低。菱形的几何图形构造十分美观

沼津篱

为了阻挡沼津周边的海风而设置的篱笆。其特征是将竹子捆成束状并上下交编成竹席的样子

光悦寺篱

据说光悦寺篱是由活跃于安土桃山时代到江户时代初期的艺术家——本阿弥光悦发明的。拥有与龙安寺篱类似的结构

32

室町时代后兴起的『整形修剪』和江户时代后成为主流的『梳枝修剪』

流行于江户时代的"梳枝修剪"

将草木多余的枝叶剪掉、修整轮廓的手法就叫作"修剪"。

主要可以分为两大类，一是从室町时代兴起的"整形修剪"，二是从江户时代开始大流行的"梳枝修剪"。

在室町时代，修剪又称为"笼"，其目的是使庭树保持健康、避免枯萎，曾以不留人工修剪痕迹的手法备受推崇。

整形修剪的修剪对象是枝叶繁茂的橡树、黄杨、圆柏、假山茶、冬青卫矛等，通过悉心疏枝，使每一片树叶都能均匀接受光照。

但进入江户时代以后，将杜鹃和沈丁花等灌木修剪成球形、方形或是圆锥形等几何形态的梳枝修剪，渐渐成了主流的修剪方式。

因此，刈达频繁地被使用于江户时代常见的书院造庭园中，银阁寺参道的"银阁寺篱"（1616年）、桂离宫御幸道的梳枝修剪（1662年），以及修学院离宫上离宫中为了掩饰浴龙池水坝而进行的修剪（1659年）等都是著名的实例。

西洋手法传入日本

这些极尽人工之能事的修剪方式到底是从何处而来的呢？

据说，在江户时代使刈达流行起来的是幕府的作事奉行——小堀远州，经他之手设计的宫廷庭园不计其数，他也因此名扬四方。

在日本传播基督教的传教士在1613年写的报告中曾提到，后阳成天皇命传教士向身为"宫廷工匠"的小堀远州传授西洋技术。学习的成果便是于1642年左右小堀远州所营造的宽永度内里中，花坛和梳枝修剪等新式做法横空出世。

其中有部分花坛留存至今。换而言之，梳枝修剪也可以理解成是同时代欧洲规则式庭园的手法，通过传教士传授引入日本，并由小堀远州普及开来的植物修剪法。

> **要点　江户时代前后**
>
> 在桂离宫等书院造庭园中可见的修剪是江户时代初期首次尝试的人工梳枝修剪。在此之前流行的是悉心疏枝剪叶和使植物能够均匀地接受光照的整形修剪。

桂离宫的梳枝修剪

修学院离宫中为了掩饰浴
龙池边的水坝而实施的整
形修剪

被认为是通过传教士传授给小堀远州而后又
普及日本各地的花坛。图片中是小堀远州所
造的宽永度内里遗迹中残存的花坛

33

日本气候孕育出的植物——苔藓

苔藓的朴素之美映入眼帘，不由地感到心情舒畅

绿色渐变的苔藓之美

日本的部分地区空气湿度高，被称为苔藓类植物的宝库，仅在日本就已经确认了约2000种苔藓类植物的存在。

苔藓多用于"苔庭"（长满了苔藓的庭园），这种庭园将本是配角的苔藓当成造园的主角，西芳寺庭园里汇聚了100种以上的苔藓，共同演绎了绿色渐变的苔藓之美。

苔藓的颜色不仅有绿色还有红色、黄色、褐色等，根据种类的不同颜色也会有些许变化。苔藓大致可以分为喜半阴与喜阳两大类。前者喜欢背阴处，后者喜欢向阳处。大桧藓、尖叶匐灯藓等是喜半阴苔藓，而桧叶金发藓、砂藓等则是喜阳苔藓。

多样的苔藓种类

日本自古以来就崇尚布满青苔的风情，喜好欣赏青苔遍布的景色。而欧美则不同，不喜欢在庭院内使用苔藓。可以说，苔藓是营造日本庭园独特风情的一种要素。下页中将归纳喜半阴苔藓与喜阳苔藓在形态等方面的特征。实际上，根据种类的不同，苔藓在颜色、厚度、形态上会呈现出细微的不同。

要点

种类不同、颜色各异

"苔藓"是日本庭园中独特的构成要素。辨别它们细微的形态和色彩差异也十分有趣。西芳寺庭园（俗称苔寺）是一座以苔藓为主角的庭园，100种以上的苔藓在这里交织成一幅美丽的风景。

喜半阴

大桧藓

这类苔藓在树林中潮湿的腐叶土等湿度高的地方密集丛生。山里野生的大桧藓受益于得天独厚的环境而大面积生长。京都祇王寺的苔庭最为有名。

形态

茎长5~10厘米，斜立生长，给人以柔软蓬松之感。泥土中的茎犹如地下茎一般能够分枝，这也是它的一大特点。

尖叶匐灯藓

簇生于从平地到山地的半阴且略微潮湿的区域，降水多的地方很常见。色泽黄绿，适合营造明朗清爽的庭园氛围。

形态

分为茎横展蔓延与纵向直立两类。直立的叶片繁茂但茎短，横爬的茎长可达5~6厘米。

喜阳

桧叶金发藓

这种大型苔藓是苔庭的主要元素，与石组十分般配，其中土马鬃与大金发藓，很难分辨，也没有明确的区分标准。

形态

这种苔藓每年都在不断生长，较长的茎甚至可达20厘米以上。根据生长环境的不同，易在叶片大小、颜色以及生长密度上形成差异。

砂藓

在光照充足的沙质土壤中丛生，呈黄绿色。若是在湿润的地方受到阳光直射也能生长。

形态

茎直立，长2~3厘米。对干燥环境也拥有适应能力，如果叶片聚拢，即使在炎炎烈日下也不会枯萎。

资料提供：MOSS PLAN 有限公司

71

34

『庭树』创造四时之景

象征长生不老的"松与月"

日本庭园中使用的庭树可大致分为常绿阔叶树、落叶树、针叶树与竹类四种。

一直以来，日本庭园通过将各种树木进行组合，创造了四季各不相同的亮丽风景。

比如，春季有散发着芳香的梅花与樱花，夏天有纳凉的竹林，秋季有火焰般热烈的枫树与银杏金灿灿的黄叶，冬日有着与纯白雪景交相辉映的松树。

其中松被摆在"松竹梅"的首位，一直深受喜爱。这无非是因为松的寿命很长，四季常青，自古以来便被视为长生不老的象征。

此外，日本人历来有在庭中赏月的习惯，松树也在赏月中扮演了重要角色。之所以常在月亮升起来的方向即东南方种植松树，是考虑到赏月与松树最为般配。不断循环着阴晴圆缺的月亮也被视为长生不老的象征，便与松树组成了搭档。

慈照寺银阁正前方的月待山上也种植着许多松树，我们可以从和歌中追忆建造此园的将军足利义政遥望着明月升起于月待山上的美好瞬间。

> **要点**
>
> ### 欣赏四季不同的景色
>
> 日本庭园通过将不同种类的庭树进行恰到好处的搭配，努力使人们能够欣赏四季交替的景致。庭树中最受喜爱的是松树。

常绿阔叶树

常绿阔叶树字如其名，树叶的颜色并不随季节变化而改变，叶宽，树形呈球形。代表性的庭树有映山红、山茶、栲树、橡树、八角金盘等。

山茶

落叶树

这是指到秋季树叶变红或变黄脱落的树木。树形呈扇形，代表性的庭树有枫树、银杏、梅树等。

银杏

针叶树

这种树的树叶细长如针，不会变红或变黄，树形呈圆锥形。代表性的庭树有松树、杉树、日本冷杉等。

日本冷杉

竹类

常绿树，根深，喜湿。代表的庭树有毛竹、唐竹、人面竹、真竹、山白竹、倭竹、狭叶青苦竹等。

竹

山白竹

日本的庭园指南

东福寺方丈庭园

地址　京都府京都市东山区本町 15-778

1939 年，重森三玲建造的庭园包围了方丈[1]的四周，实属罕见。南庭是枯山水庭园，西庭拥有令人印象深刻的"井田市松"[2]（井田状的方格图案），东庭利用多余的柱石来表现北斗七星，北庭修剪成球形的杜鹃花与地面的方格花纹相调和。

无邻菴

地址　京都府京都市左京区南禅寺草川町 31

无邻菴是山县有朋于 1894—1896 年营造的别墅。该池泉回游式庭园由被誉为"近代日本庭园先驱"的小川治兵卫设计。其中布置了传说中以醍醐寺三宝院的瀑布为参照而设的三段瀑布、池塘和草坪。

1　方丈：禅宗寺院中住持的居室。——译者注，下同

2　井田市松：井田状的双色相间的方格之意。井田一词源自中国古代的土地制度"井田制"，即把土地分成方块，形状像"井"，因此称为"井田"。

35

源自寺院的庭园配景『石灯笼』

从桃山时代开始，日本庭园中已使用灯笼。起初是为了茶会照明才安置于茶的室露地边。

石灯笼的结构

据说是千利休最先将灯笼引入露地中。

石灯笼由7个部分构成。

① 基坛（基座）
② 基础（基石）
③ 竿（幢柱）
④ 中台（幢身）
⑤ 火袋（灯室）
⑥ 笠（幢顶）
⑦ 宝珠（宝顶）

由露地开始应用于庭园

灯笼，顾名思义，就是灯的笼子，是在飞鸟时代与佛教一同由中国经朝鲜半岛传来的，但如今朝鲜半岛并无用于园林的实例，因此庭园石灯笼被认为是日本独创发展的结果。灯笼从桃山时代开始被用于庭园之中，起初是茶匠为了给在夜晚举办的茶会照明而放置于露地的设施。后来，各茶匠开始制作各种独具匠心的石灯笼，向神社和佛寺献纳的佛灯和神灯等有名的灯笼也被当作范本进行仿制。此外，灯笼不仅是照明设施，它作为庭园的装饰物也得到了人们的欣赏，成为江户时代的庭园内不可或缺的景物。

桂离宫的石灯笼

在桂离宫的庭园里，苑路边频繁安置着织部灯笼、三角灯笼、雪见灯笼等总计24盏罕见的石灯笼。

桂离宫的松琴亭前的
里地石灯笼

三足鼎立的三角灯笼放置于桂离宫的笑意轩附近。它的笠、火袋、中台等全由三角形构成，造型十分罕见。

桂离宫中的织部灯笼。其特征是竿的部分仿佛刻有十字图案和圣像

在桂离宫观赏石灯笼

石灯笼由7个部分组成，从下往上依次是基坛、基础、竿、中台、火袋、笠、宝珠。多用花岗岩制作，其中御影石[1]、白川石等花岗岩颇为有名。白川石是从京都的北白川到比叡山区域出产的黑云母花岗岩，这种石材频繁地被用于京都庭园的石灯笼制作中。

桂离宫中的石灯笼数达24盏，可以欣赏到无竿的"放置式石灯笼"，置于"海角"尖端的"岬灯笼"，模仿萤火虫的光并吸引其聚集的"水萤灯笼"以及三足鼎立的"三角灯笼"等造型独特的石灯笼。

尤其是一种被称为"织部灯笼"的石灯笼，竿呈十字架的形状，其上还刻有耶稣像和拱门。但为何苑路上会布置7盏这样的石灯笼呢？据说当时基督教禁教令[2]颁布后日本仍然存在着信仰基督教的信徒，这些石灯笼就是隐藏的基督教徒们的遗物。

---

1 御影石：一种花岗岩质岩石的石材名称，因盛产于神户市御影地区而得名。——译者注，下同
2 基督教禁教令：指1612年和1614年江户幕府所颁布的禁止基督教的法令。

36

源于神社水盘舍的『手水钵』

手水钵在桃山时代被引入茶室的露地中，曾被称作"蹲踞"。有些手水钵在材质和造型设计上凝聚了多样的创意。

欣赏各式手水钵

手水钵可以分成"天然石手水钵""仿造式手水钵""创造式手水钵"三种。

方柱切石手水钵
桂离宫中的四边形的方柱切石手水钵

二重斗形手水钵
桂离宫的外腰挂中的二重斗形手水钵。字如其名，仿佛是两层斗重叠在一起的造型

从神社引入茶室的露地之中

"手水钵"发源于参拜神社时为了以手盛水漱口并洗手净身而设的"水盘舍"。

桃山时代被引入茶室的露地之中，称为"蹲踞"。蹲踞须"蹲踞低身"才能使用，因此得名。主张身份平等的千利休为使武士和其他身份的人都能低头体味"闲寂"，而有意将茶室的入口做成低矮的"膝行口"，还设置了刀架，就是希望即便是武士也能取下配刀，低下头进入茶室。

1 水盘舍：日语中又叫作"手水舍""御水屋"等，为洗手亭之意。其中放置着水盘、手水钵等，供神社参拜者洗手漱口、净化身心之用。——译者注

钱币形手水钵

将四方形的水槽看作是"口"字，再与四周的字各自组合起来看便是"吾唯足知"（知足常乐）

木瓜形手水钵

因与桂离宫中的木瓜的横截面相似而得名

流水手水

除了手水钵以外，直接使用池水洗手的方式被称为"流水手水"，是小堀远州喜欢的设计

手水钵的种类

　　手水钵可大致分为"天然石手水钵""仿造式手水钵""创造式手水钵"。天然石手水钵是在造型奇特的天然石上开凿凹槽制成的水钵，被看成是与吉祥或季节有关的事物的象征，注重保留天然石朴素的外观。其种类繁多，诸如鹿苑寺（金阁寺）的"富士山形"、桂离宫的"镰形""一字形"和"袖形"等。

　　仿造式手水钵指的是重新利用废弃的石塔、佛寺的基石等，通过在其中开凿凹槽制成，重视石材古旧的韵味。例如，京都涉成园中的"袈裟形"、孤篷庵忘筌的"础石形"等，各式造型丰富多彩。此外，创造式手水钵指的是作为庭园中装饰物特意新制的手水钵，如千利休喜爱的"银阁寺形"、孤篷庵山云床和龙安寺中象征财源滚滚的"钱币形"以及桂离宫中好似木瓜横截面的"木瓜形"手水钵等。

布置了大小15块岩石的龙安寺的石庭

从建筑眺望庭园的"坐观式"

若是从观赏位置来对庭园进行分类，则可大致分为"坐观式庭园"和"回游式庭园"两类。

回游式庭园可以通过苑路动观游览，在不同视点享受移步换景的庭园景色，与此相对，坐观式庭园的观赏角度则经过精心设计，必须坐在主体建筑内或其他特定位置，从一个固定的视点来静赏庭园。有些庭园原先是坐观式庭园，但在江户时代以后被改造成了回游式庭园。

京都的龙安寺、大德寺和南禅寺等的石庭是坐观式庭园，其中各有一座名为"方丈"的本堂，堂内为左右对称的房间布局，可以坐在本堂内一边冥想一边眺望庭园，但无法踏入庭园内一边漫步一边观赏园林风光。特别是龙安寺石庭等，只有坐在方丈室中（即方丈中央的厅堂）时五组的石组才能一览无余，这便是一座精心打造的坐观式庭园。

据说京都的桂离宫是日本最初的回游式庭园。1615年建立之初本是一座以古书院月见台为观景中心的坐观式庭园。之所以这么说是因为月见台的位置和朝向——有意使之坐落在基地内切圆的中心又朝向中秋明月的升起方向。

而且，在寝殿造庭园中也能够从寝殿一览庭园的全貌，这或许也可以说是一种坐观式庭园。

建筑也是庭园的装饰要素

建筑一方面是眺望庭园的观景点，同时也是构成庭园景观的装饰要素。

以石川丈山建造的庭园而闻名的诗仙堂

例如，净土式庭园的阿弥陀堂，中央的阿弥陀如来像处在纵览全园的视点上，同时还可以从水池对岸的"此岸"（现世）来眺望"彼岸"（净土），这也是一个视点。京都府的金阁、银阁与诗仙堂等楼阁建筑也是如此，楼阁既是观赏庭园的重要视点，同时它本身也是庭园景观中一道亮丽的风景。不仅如此，正如在下一节中将介绍到的那样，茶室的露地中也有外腰挂（外露地的休息处）、中潜（中门）、雪隐（厕所）、露地门等建筑物，这些也都是回游式庭园中的装饰物。

> **要点** 庭园的视点
>
> 诸如龙安寺与大德寺等的"方丈"、桂离宫的"古书院月见台"等，坐观式庭园中为了观赏庭园设有专门的赏景点，从这些位置能欣赏到许多特意营造的景观。

从桂离宫的月见台眺望的景致（如今普通游客无法登上月见台参观）

38

苑路是回游式庭园的游赏路径

桂离宫御幸道。它将庭园的全景隐藏了起来，通过这种方式使游客期待接下来即将展开的庭园游赏之旅

要点 苑路的编排

享受移步换景的回游式庭园。通过巧妙的视觉操作来刺激观者对所见事物的感受。

从多个视点赏景的回游式庭园

庭园中的人行步道称为"苑路"。通过苑路环绕一圈来观赏风景的庭园称为"回游式庭园"，其中以池塘为中心外围环绕一圈苑路的称为"池泉回游式庭园"。日本最初的池泉回游式庭园是京都的桂离宫。

拥有苑路的庭园的最大特征就在于其具备"回游式庭园"的组织结构，通过漫步环游可以不断地变换视点来观赏庭园之景。

桂离宫的庭园里建有5座茶室，起初修建了苑路通向茶室的露地，并在苑路边布置了外腰挂、雪隐、手水钵、石灯笼等。随后，为配合后水尾上皇的巡幸还特意设置了"御幸道"。热爱庭园的后水尾上皇亲自营造的修学院离宫与桂离宫堪称日本庭园中的双璧，为讨上皇欢心，桂离宫中也进行了各种精心整修。譬如，设计前细后宽的苑路以增强透视感，以绿篱遮蔽苑路来激发一睹庭园真容的好奇心，还有行至中途的土桥时，庭园的内部风景忽然映入眼帘等。

御幸道的地面是一种被称为"三和土"的地面，是由混有碎石沙砾的泥土夯实而成。为使人们能更享受步行其上的乐趣，其他的苑路也都被精心设计成飞石、延段、斜面和阶梯等各种形式。

39

木板、灰泥、瓦片……围墙材料与庭园自然环境相协调

围墙拥有优良的耐久性和防火性

篱笆是用与庭园的自然景观相协调的竹子、柴枝等相对柔软的材料制作的，而围墙似乎是为了衬托自然，通常是由木板、灰泥、瓦片等坚硬的材料搭建而成的。

平安时代，京都少有战乱，那时建造的寝殿造庭园采用一种名为"立蔀"（格子屏风）的围墙，这是将木制修葺屋顶搭建在质地柔软的板壁上制成的。但由于这种围墙是木制结构，所以耐久性和防火性能较弱，并不实用。

在净土式庭园中，由于它本身还具有以阿弥陀堂为中心的寺院属性，所以庭园中采用了一种名为"瓦塀"（瓦墙）的围墙，是将瓦屋顶搭建在涂着灰泥的寺院样式的隔墙上制成。这种瓦塀耐久性和防火性好，当武家兴起、京都战乱频仍时也被引入到了武家的书院造庭园之中。

与瓦塀同样防火性强的围墙还有"筑地塀"（瓦顶板心泥墙）。这是将瓦片或木板瓦（薄木板）修葺（柿葺）的屋顶搭建在用黏土夯实的墙壁上而建成的围墙，经常被用于禅寺的方丈石庭及其周边地方。

京都的龙安寺石庭也是如此，之前四周是用瓦葺屋顶的筑地塀，但在1951年拆卸调查时发现屋顶有使用柿葺的痕迹。因此，1978年又被恢复成柿葺屋顶。这种更加柔软的木瓦板与石庭周边的自然景观和谐统一。

筑地塀截面

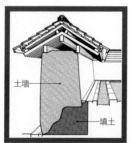

土墙

填土

要点 围墙是庭园的配角

与庭园的自然景观相协调的是篱笆，与此相对，围墙则是衬托自然的庭园配角。

仁和寺立蔀

龙安寺石庭的筑地塀

40

扮演『结界』的桥

桥梁的种类

连接池中的小岛与池岸、沟通苑路与遣水的便是桥。由于小岛被看成是彼世的蓬莱山或三神仙岛，所以沟通小岛与池岸的小桥就如同三途川[1]上飘摇的渡舟一般，可以看成是此世与彼世的结界。

正因如此，桥梁不仅是观景的视点所在，还是庭园的设计中必不可少的重要元素。

一般而言，庭园中搭建的桥有"平桥""拱桥""石桥""土桥"和"吴桥"[2]等。下面让我们一起来了解这些桥梁各自的特征。

平桥

平桥是庭园中最常架设的桥梁形式，多为水平的木结构。

其特征在于简洁轻盈，与周围的自然景观十分协调。桥自身的存在感并不突出，常用作沟通小岛与池岸的桥。

修学院离宫内上离宫中的平桥周围特意种植了许多枫树，通过巧妙的布景营造出了往生西方净土的环境氛围。

> **要点**
>
> **此世与彼世的"结界"**
>
> 桥象征着神圣的结界，它是观景的视点之一，负责向世人传达蕴藏在庭园中的深意。

修学院离宫上离宫的平桥（枫桥）

---

1 三途川：传说中此世与彼世的分界线，凡人在死后第7天将渡过的冥河。——译者注，下同

2 吴桥：即廊桥，中国古代苏浙一带称为吴，在日本传说由中国吴地人架设的廊桥又被称为吴桥。

拱桥

这是一种桥面向上弯曲隆起的桥，主要在寝殿造庭园的小岛上架设多座桥梁时与平桥相互搭配使用。既有受到中国的强烈影响，施以彩漆的拱桥，也有保持木材本色，与庭园的自然景色相融合的拱桥。据说，桥栏杆上装饰着的拟宝珠[1]（舍利容器）对通往象征着彼世小岛的结界具有净化的寓意。

石桥

古时沟通寝殿造庭园的遣水两岸时曾有架设石桥的风俗。直到江户时代为止，日本一直都是直接使用天然形状的石材来建造石桥，但后来涌现出了人为加工过的"切石桥"（石板桥）和略带拱面的石桥。从石材材质上来看，使用最多的是花岗岩，尤其是京都的白川石使用频率很高。

桂离宫松琴亭前的石桥（白川桥）

土桥

这是铺土制成的拱桥，通过在摆着成排圆木的桥桁上铺土并夯实而成。桥身两侧也都堆土成形，是一种有意突出存在感的设计。

桂离宫御幸道的土桥

吴桥

也被称为"廊桥"，是在平桥上增建屋顶、椅子和连廊的桥。这种桥与其称之为渡水的结界之桥，倒不如说是为了在桥上歇脚纳凉、欣赏月色而架的桥。

修学院离宫上离宫的千岁桥

1　拟宝珠：一种葱花状的宝珠装饰，又叫葱台。——译者注

41

把环境背景纳入观赏要素的借景手法

天龙寺，借庭园背后的龟山之景

要点

提升庭园的美观度

"借景"是将庭园背后的风景融入庭园之中的造景手法。圆通寺和正传寺通过这一手法将守护皇城的比叡山纳入庭园的景观之中。此外，还通过巧妙的构思，使得人们能在春分和秋分时遥望比叡山的日出。

同时享受庭园内外的美景

京都的四周群山环绕，山川秀丽，自古以来人们便不仅只欣赏庭园，还连同其背后的风景也都纳入园来一同品味。像这样，将园外风景纳入庭园观景要素中的手法又称为"借景"。

室町时代的石立僧梦窗疏石是将借景确立为造园手法之一的先驱。他亲手设计的天龙寺庭园和西芳寺庭园都已被列入世界文化遗产名录之中，并且这两座庭园分别借了其背后的龟山和东山之景。尤其是在天龙寺庭园中，龟形的曹源池的头部有一座龟岛，有意与龟山相呼应。这样的借景手法在梦窗疏石之后的日本庭园中不再出现，仿佛已被世人忘却。然而，进入江户时代，作为将军的茶道指导又兼任幕府作事奉行的小堀远州再度使借景手法发扬光大。

小堀远州使借景手法再次发扬光大

传说由小堀远州所建造的南禅寺方丈庭园和大德寺本坊东庭园分别因借了羊角岭大日山和比叡山之景。

由此被小堀远州再次重现的借景手法，也广泛用于江户初期的后期式枯山水庭园中。其中，可称之为代表作的庭园是京都圆通寺庭园，该庭园巧妙地借取了比叡山之景。此外，虽然没有布置石组，但同样以比叡山为借景对象的京都正传寺庭园也是颇负盛名。

圆通寺和正传寺的共同点在于，当春秋分即盂兰盆节当天可以遥望到比叡山的日出。若是在地图上进行确认，会发现比叡山的山顶与圆通寺、正传寺处在同一条东西走向的直线上。

另外，这两座庭园都由皇族营造，大概是为了祈求皇族的繁荣昌盛，才以守护皇城的比叡山为借景对象。

日本的庭园指南

天龙寺

地址 京都府京都市右京区嵯峨天龙寺芒马场町68

1339年，足利尊氏为祈求后醍醐天皇的冥福，命梦窗疏石为开山祖师创建天龙禅寺。坐落于大方丈西边的庭园以曹源池后的岚山和龟山为借景对象，与石组"龙门瀑布"共同成为该寺院的两个看点。除此以外，天龙寺也是广为人知的欣赏秋日红叶的名胜。

栗林公园

地址 香川县高松市栗林町1-20-6

在日本，栗林公园是国家指定的特别名胜中面积最大（约75公顷）的一座公园，由6个池塘、13座假山构成，又借景紫云山。公园的看点包括西南部据称是栗林公园发源地的"小普陀"（参考第61页）、飞来峰、芙蓉峰等假山。

42

荒矶与沙洲描绘海滨风光

毛越寺庭园的荒矶之景

桂离宫的松琴亭前也再现了荒矶之景

要点 1

以池为海

《作庭记》中有记载：为把池景营造成海景，应先用石头摆出荒矶之景。

描绘出岩滩风情的荒矶之景

据《万叶集》记载，日本庭园于7世纪左右兴起，草壁皇子[1]（662—689）的"岛之宫庭园"中有一个模仿海景的庭园，该庭园中的池塘里布置着岩石来表现"荒矶"（多岩石的海滩），岛屿上架有桥梁，园内还放养着水鸟。这一时代庭园中存在着许多诸如海滩、荒矶、岛屿等"海景"，史料中相关记载颇多。可见在日本这一岛国里，庭园的创建是从仿造海景的缩影开始。《作庭记》中也写道，欲拟池景为海景，应先以岩石摆出荒矶之景。现实中，净琉璃寺的小岛以及毛越寺中的水池都巧妙地再现了荒矶之景。

1　草壁皇子：天武天皇与鸬野赞良皇后（天智天皇女，后来的持统天皇）之子，虽被立为皇太子，但英年早逝，未能登上皇位。——译者注

桂离宫的沙洲，巧妙地再现了滨海小道之景

要点 2

用碎石再现海岸之景

与荒矶一样，沙洲也同样能表现海景。
沙洲的轮廓呈现出一条绝妙的曲线，
边缘铺设鹅卵石，再现了海岸之景。

毛越寺庭园的沙洲

再现海岸的"沙洲"之景

可以说自古以来，模仿大海的缩景一直是日本自然风景式庭园的基本模式。与荒矶相同，"沙洲"也是大海的缩景之一。

在沙洲边缘，通常将鹅卵石铺设成绝妙的曲线，以营造潮水拍岸一般的海滩之景。

毛越寺中既有荒矶又有洋溢着质朴之美的沙洲。

不仅是在净土寺庭院之中，桂离宫这一书院造庭园中也拥有出类拔萃的沙洲景观。苑路上再现了滨海小道之景，沙洲的前端还置有"岬灯笼"……在桂离宫可以看到许多此类出人意料而又精彩绝伦的景观设计。

在寝殿造庭园的代表作，京都仙洞御所中也坐落着一座绝妙的沙洲，相传出自大名鼎鼎的小堀远州之手。

桂离宫的御舟小屋

修学院离宫的小码头

要点　小码头为享受庭园生活而建

据史料记载，为了使庭园生活更加丰富多彩，古人曾从寝殿造庭园中的钓殿附近乘船，泛舟池上。

点缀在庭园中的小码头

　　舟游式庭园指通过泛舟来游赏园景的一种庭园形式。因此，舟游式庭园中布置有"小码头"。在寝殿造庭园中，钓殿就曾起到泊船的作用。现存的庭园中，净土式庭园的净琉璃寺里还保留着台阶状的小码头。此外，在寝殿造庭园的鹿苑寺（金阁寺）里也建有一个附属的小码头。而在书院造庭园中的京都西本愿寺飞云阁则拥有一个名为"舟入之间"的船只入口，通过它可乘船直接驶入园内。并且，桂离宫中也在各处都建有小码头，在御舟小屋中还曾停靠着一艘名为"步月"的小船。

舟游式庭园的『小码头』

43

88

由3座离宫组成的宏大庭园
——修学院离宫

为八条宫智仁亲王的外甥即后水尾上皇修建的别墅——修学院离宫。
该日本庭园由上皇亲自设计，并配置了3座离宫。
谓之"宏大"名副其实。

修学院离宫与后水尾上皇的大事年表

公历	日本年号纪年	主要事迹
1596年	庆长元年	后阳成天皇的第三皇子即后来的后水尾天皇（上皇、法皇）诞生
1611年	庆长十六年	后水尾天皇即位
1629年	宽永六年	后水尾天皇逊位，成为上皇
1651年	庆安四年	后水尾上皇出家，成为法皇
1655年左右	承应四年	后水尾法皇开始亲自着手建造修学院离宫
1659年左右	万治二年	后水尾法皇63岁时修学院离宫竣工
1680年	延宝八年	后水尾法皇驾崩
1884年	明治十七年	修学院离宫（上离宫与下离宫）交由宫内厅管辖。次年，为后水尾上皇的皇女而修建的中离宫也编入其中。

修学院离宫坐落在京都东北部、比叡山的山麓附近，是作为后水尾上皇的别墅于17世纪中期开始修建的。其特征是通过彼此相接的苑路沟通上、中、下3座离宫的罕见布局。较之规模较小的下、中离宫，上离宫则是宽阔的池泉回游式庭园，配置了被称为浴龙池的人工池。此外，曾经在上离宫的邻云亭能把京都的街景尽收眼底。

● **修学院离宫**
地址：京都府京都市左京区修学院薮添

茶室的露地

以飞石与延段铺路，
栽种树木营造僻静的山村气息，
这就是"茶室的露地"。
露地，不单是从门至茶室之间的通道，
还是举办茶会之际振奋精神的重要场所。

上图　表千家不审菴的内露地
左图　表千家不审菴的残月亭前的露地
下图　为桂离宫的松琴亭茶室而设的等
　　　待处——外腰挂

44

茶室的露地是为烘托茶会氛围而设的苑路

一分为二的外露地与内露地

"露地"是为引导客人前往茶室而设的苑路。江户时代一般写作"路地""路次",但如今多用"露地"两字表达。

露地是在茶室中举办茶会时,为调动客人的情绪而设置的一段"间隔"(过渡空间),对茶室而言它是不可或缺的苑路。

露地中必须放置手水钵。照片中是桂离宫笑意轩旁名为浮月的手水钵

露地的入口称为"露地门",其内侧有一个被称为"中潜"的中门。以此为界,露地又可以分成"外露地"和"内露地"。外露地是茶会举办前等待的场所,此处设置了带有屋顶和椅子的"外腰挂"以及被称为"雪隐"的兼具装饰性的厕所。内露地是举办茶会时的主要场所,除了腰挂(椅子)和雪隐(厕所)外还配备了净口洗手用的"手水钵"等。

此外,露地中还铺设着名为"飞石"的踏脚石和为了在夜间举办茶会而准备的"石灯笼",多种草木生动地点缀其间……为引导客人前往茶室,造园者在露地的设计上极尽巧思。

为展现露地的景色,最为重要的是飞石。千利休是"闲寂"之美的集大成者,他喜用天然石材。然而,提倡"雅寂"的古田织部和小堀远州则偏爱加工后的几何型材。图中是桂离宫园林堂一侧铺设的飞石

要点

引导客人前往茶室的设计

抵达茶室前,应调整好客人的情绪。露地便是为此而存在的设计。

45

催生出『露地门』

千利休的『闲寂』思想

修学院离宫的御幸门。柿葺屋顶下的门板上镂刻着花菱图案[1]，简单而朴素

露地门喜用轻盈的样式

"露地门"指在露地的入口处设置的门。

柿葺屋顶或是萱葺屋顶等简单朴素的设计，源自茶道的集大成者千利休的"闲寂"审美思想，这是与其他庭园园门的截然不同之处。

屋顶的朝向必须采用以长边面为正面的"长边进入"，不存在以山墙[2]一侧为正面的"山墙进入式"。而且，屋顶的形式也不单只有悬山顶，还有歇山顶、庑殿顶等各式屋顶。但像寺院的大门那般屋面向上反曲、檐部"翘起"的屋顶不被采用，而是通常使用屋面平直或者微微鼓起的"拱形"屋顶。

此外，露地门也不是"单开门"而是以左右对开的"双开门"居多。在材质和样式的选择上"竹门"和"镂空板门""格子门"等轻盈的类型受到追捧。

> **要点**
>
> **露地门的特征**
>
> 与寺院等的门不同，露地门以简朴轻盈为设计特点。在外露地与内露地的交界处所设的一种门被称为"中潜"（中门）。

常用作茶室露地门的竹门，是指将木材和竹子以上下交编的方式制成竹席状的门。图中是修学院离宫的竹门

---

1 花菱图案：由四片花瓣环绕组成的菱形图案。——译者注，下同
2 山墙：房屋的侧面或与屋脊方向垂直相交的那一面墙。

46

与「闲寂」思想紧密相关的「中潜」结界

表千家的中潜。给人以顶着杉木屋顶的屏风墙一般的印象。作为中潜的墙面上开有一扇下地窗[1]

以中潜为界分为外露地与内露地

"中潜"指在通往茶室的露地中途设置的结界之门，它将露地分为了"外露地"与"内露地"。外露地指从露地门到中潜之间的空间，内露地指从中潜到茶室之间的苑路。

外露地是在茶会开始之前请客人等待的场所，其中配备了带有屋顶的休息处"外腰挂"和被称为"雪隐"的兼具装饰性的厕所以及为夜间举办的茶会提供照明的石灯笼。

此外，内露地中还设有净口洗手用的蹲踞，并与外露地同样设置了内腰挂、砂雪隐[2]、石灯笼等，是一个更加正式的茶会专用的露地。

并且，中潜并不设门扉或扇，而是如茶室的膝行门、窝身门一般，须蹲踞俯身才可出入，这的确体现出"潜"门（弯腰钻行的门）这一名称的含义，尤为著名的是表千家的中潜。蹲踞俯身也与"闲寂"息息相关，因而才形成了这样一番构造。

> **要点**
>
> ### 外露地与内露地的界限
>
> 从露地门到中潜之间的空间称为"外露地"，从中潜到茶室之间的空间称为"内露地"。外露地是在茶会开始之前请客人等待的场所。而内露地则是更加正式的茶会专用的露地。

1　下地窗：即板条格窗或称为枝条编格窗，墙上故意留出一部分不涂抹墙灰的地方，露出墙面抹灰板条，由此形成格窗。——译者注，下同
2　砂雪隐：观赏用的铺砂厕所，也称饰雪隐、石雪隐。

『外腰挂』是露地的看点之一

将罕见的铁树栽种在外腰挂的正面，成为露地景观的焦点

桂离宫的外腰挂。正面有意铺设了延段，并在其尽头处设置了手水钵，以此来强调空间的透视感

"腰挂"体现茶室主人的待客之道

举办茶会之际，在露地中设置有方便客人等待的休息处——"腰挂"。

腰挂带有屋顶，内外无门，墙面上开着一扇未完全涂抹墙泥的窗户——"下地窗"，风格轻盈明快。

腰挂的正面通常有精心栽培的植物和巧妙布置的石组，这既是露地的看点之一，还体现出举办茶会的茶室主人的待客之道。

桂离宫中，松琴亭茶室旁设有供客人等待歇脚用的"外腰挂"和"卍字亭"（又名四腰挂）。在外腰挂的前方还特意布置了延段、手水钵、石灯笼等以强调透视感。不仅如此，外腰挂的正面还栽种着铁树，巧妙地打造出南国般的风光。

因椅子呈卍字形交错排列，得名卍字亭。当松琴亭举办茶会之际，中途休息时（用完点心后至后场开始之前）会请客人移步此处，在椅子上稍事休息

并且，为了避免客人之间的对视，卍字亭内的四张椅子被交错布置成"卍"字形，这一设计可谓是独具匠心。

要点 茶会的等待场所

腰挂的风格轻盈，内外无门，设有"下地窗"，是一个能够体现主人待客之道的场所。

48

在露地设置的厕所称为『雪隐』

雪隐中蕴藏着深意的砂砾与置石

在茶室的露地中设置的厕所称为"雪隐"。它得名于在下雪天如厕后以雪覆盖的做法。

话虽如此，雪隐实际上并不会被真正使用。外露地设置的雪隐称为"下腹雪隐"，是个紧急情况专用的厕所，来客也不愿出现这种需要解决"内急"的情况。

内露地的雪隐称为"砂雪隐"或"饰雪隐"，通常须像设计石庭一样苦心构思，在铺砂的地面上布置名石和奇石。带有门扉的雪隐入口附近平置一块名为"户摺石"的踏脚石，（雪隐）中央有两块大的踏脚石，在其前后方还各有一块小石头，分别叫作"小用返石"和"里返石"。

这些雪隐都是专门用来观赏的厕所，既是露地里的重要看点，也是一种衡量的依据，用来评判茶会举办者即茶室主人在茶道上的审美意识。

与桂离宫的外腰挂相邻的砂雪隐。宛若铺砂的石庭一般经过精心构思

要点

衡量审美意识的要素

雪隐是为了在紧急情况下使用或是为观赏而设的厕所，其内部布置的名石或奇石也是品赏的对象。

一期一会的场所——茶亭与茶室

造型多样的茶室与茶亭

在茶道中使用的建筑物整体称为"茶屋"或"数寄屋"（雅屋）、"茶亭"等。所谓"茶室"就是铺着榻榻米、设有两个入口的房间——一个入口被称作"躏口"（膝行门、窝身门），是供普通人弯腰钻过的窄小门洞；另一个被称为"贵人口"，仅供地位较高的贵客使用。

茶亭则不存在专人专用的入口，从土间便能够直接进入铺着席子的房间，是一座用于游玩助兴的建筑物。诸如桂离宫的月波楼与笑意轩、修学院离宫的寿月观与邻云亭等。此外，还有像桂离宫的"腰挂"赏花亭那样的简易形式，可在其中举行不讲排场的轻松茶会。

桂离宫的月波楼是为赏月，特别是观赏倒映在水面上的明月而建在池边的茶亭，与书院建筑群一样朝向中秋明月升起的方位

农家风情的笑意轩也是桂离宫的茶亭之一。从其内部正面的窗户可以欣赏到庭园中有意设计的田园风景

归根结底，茶室与茶亭的建筑形式可谓多种多样，既有正式的规范型也有非正式的简易风格。例如，妙喜庵待庵（京都市）就是一间极小的茶室，仅铺着两张榻榻米，拥有一个壁龛，壁龛上装饰着仅可插一两朵花的花瓶。还有乐苑如庵（爱知县）是铺了4张榻榻米并带有厨房的茶室，大德寺真珠庵在膝行门中设有土间地面，薮内家[1]燕庵（京都府）则是间特意为随从设置"相伴席"（与客人坐席相邻的等待坐席）的茶室。

在茶会上，负责沏茶的主人从后门进入茶室，客人则从躏口进入。经露地的酝酿而激扬澎湃的心情在一期一会（当作一生一次的相遇来对待）的相遇场所——茶室中达到顶峰。

要点

一期一会的场所

虽然统称为茶室与茶亭，但它们的建筑形式五花八门，既有正式的规范型也存在非正式的简易风格。

修学院离宫下离宫的寿月观。一之间是四坡顶，二之间和三之间则是歇山顶。正面的墙上安装有采光用的拉窗，拉窗外是一圈窄走廊。曾是后水尾上皇巡幸时的居室

修学院离宫上离宫的邻云亭是为眺望自然风光而建造的，它以简朴的追求为宗旨，不加装饰，将自然界中五彩斑斓的色彩发挥到极致

---

1 薮内家：与茶道的三千家并列为京都茶家四家，其茶道流派称为薮内流。——译者注

50

茶道的由来与『三千家』的茶道

茶道的由来

茶传入日本的时间可以追溯到奈良时代。但据说，将沏茶喝茶的行为提升至"茶道"礼仪这一精神层面的，是室町时代的禅僧村田珠光及其弟子武野绍鸥。

并且，武野绍鸥的著名弟子千利休是"闲寂"一词所代表的简素审美意识的集大成者，如今其思想被几支茶道流派所继承。

利休虽然拥有被称为"七哲"的茶道弟子，但在其直系子孙中，将利休的茶道传承至今的是被称为"三千家"的3个流派。

1591年，利休在太阁[1]丰臣秀吉的命令下切腹自杀，之后其孙千宗旦复兴了千家，并且在宗旦的4个儿子之中，二儿子宗守在武者小路（路名）钻研茶道，如今这一茶道流派已发展成为"武者小路千家"并一直传承。同时，三儿子宗佐成为纪州家的茶道指导、四儿子宗室成为加贺前田家的茶道指导，他们各自将利休的茶道发展成了"表千家"和"里千家"，并传承至今。此外，堀内家也继承了利休的茶道。

利休离世后，茶道开始在武士阶层传承。由此一来，茶道的审美意识也渐渐地从草庵式简朴的"闲寂"转变成更加华丽的"雅寂"。其代表是利休七哲之一的古田织部的流派"织部流"以及织部的弟子小堀远州的"远州流"等，这些流派也被传承至今。

三千家的茶道

如前文所述，继承利休审美思想的正是利休的血亲所发展出的三支流派。

由利休创立再经三千家传承的简朴的茶室形式称为"草庵茶室"。在利休的茶室作品中，传闻现存最古老的草庵茶室是"妙喜庵茶室、待庵"。据说待庵是1582年左右丰臣秀吉命自己的茶堂（茶道的师傅）即利休建造的茶室，在面积仅有两张榻榻米的极小茶室中，还另外设置了一张榻榻米大小的"次之间（预备的房间）"与一张榻榻米大小的"胜手（厨房）"。

---

1 太阁：古时日本对摄政大臣或太政大臣的敬称。——译者注

表千家不审菴。不审菴是表千家的象征，里千家的代表是
"今日庵"，武者小路千家的则是"官休庵"

表千家不审菴的内露地

茶道流派的发展历程

- - - → 师徒关系
⟶ 血缘

室町时代

村田珠光（1423—1502）

珠光的《心之文》是闲寂茶
（空寂茶｜侘茶）的起源

武野绍鸥（1502—1555）

曾是堺城（今大阪府堺市）的富商，
他深化了珠光的茶道

安土桃山时代

千利休（1522—1591）

发扬了以心灵的交流
为中心的茶道思想

千少庵
（利休的养子
兼女婿）

古田织部
（1544—1615）
织部的茶道否认传统的权
威，勇于革新。因谋反的
罪名剖腹自尽

千宗旦

宗守
（武者小路千家）

宗佐
（表千家）

宗室
（里千家）

江户时代

小堀远州
（1579—1647）
完成了"雅寂"这一茶道
形式

要点

从"闲寂"到"雅寂"

茶道的历史也始于室町时代的
禅僧。千利休完成了"闲寂"
的茶道形式并由三千家等传承
至今。另一方面，古田织部所
继承的利休的茶道又进一步被
他的弟子小堀远州继承，演变
成了"雅寂"这一审美意识。

51

大名家的茶道与书院式茶室

草庵式茶室与书院式茶室

由村田珠光、武野绍欧与千利休完成的茶道，得到了被称为"利休七哲"的利休茶道弟子们的传承。

这七哲分别是蒲生氏乡、细川三斋、古田织部、高山右近、芝山监物、牧村兵部和濑田扫部。他们几乎都是丰臣秀吉的家臣兼武将，因而利休的茶道不仅被三千家这样的亲族继承，也经由大名等武士阶层得以发扬光大。

于是，发祥于村田珠光的草庵茶室里开始渐渐地吸收武家的住宅形式，即书院造的要素。正如在织部钟爱的"燕庵"（薮内家）茶室那样，涌现出了诸如色纸窗[1]和花明窗[2]等崭新的创意。织部还在茶室与书院之间打造了锁之间[3]，鼓励将这些不同的建筑连在一起举办茶会。

既是织部的弟子又身为大名的小堀远州则进一步发展了这样的倾向，使日本的审美意识逐渐从简单古朴的"闲寂"转向更加华丽的"雅寂"。这样的茶室称为"书院式茶室"，以便与"草庵式茶室"相区别。

小堀远州的隐居之所"弧篷庵"以及薮内家的"燕庵"等被认为是书院式茶室的代表作，它们呈现出不同于草庵式茶室的建造技巧，融入了一些装饰性的要素。

要点

书院式茶室

与草庵式茶室不同，书院式茶庭融入了装饰性的营造技巧。

薮内家茶室的象征——"燕庵"，是在茅葺屋顶的草庵式茶室中融入书院建筑风格的"书院式茶室"的代表作

---

1 色纸窗：彩纸窗，茶室的一种开窗形式，将两个窗户的中心上下错开并排设置，因窗把彩纸分散开来糊在墙上一样而得此名。——译者注，下同

2 花明窗：也叫织部窗，是在茶室壁龛的窄墙上开的下地窗，可以模糊地看到樱花满开的窗，据说设计者是古田织部。

3 锁之间：在铺着6张榻榻米以上的宽敞的房间里用锁链吊着茶壶的茶室。

第三章

掌握欣赏庭园的基本知识

52

与庭园起源息息相关的『离世』与『灭亡』

年岁并进，愈发能感到庭园的魅力

庭园究竟是为何而建？翻阅庭园的介绍类书籍，上面写到庭园的魅力在于"治愈"那些与其相遇的心灵。的确如此，踏入庭园、与自然亲密接触或许的确能得到"治愈"。但庭园的本质果真是单凭"治愈"等漫不经心的词汇就能一言蔽之的吗？

许多人几乎对那些在修学旅行[1]时参观过的著名庭园没有什么印象。常常听人说起，年轻时觉得索然无味的庭园，随着年龄的增长开始愈发令人着迷了。

这或许便是当人开始面对"衰老"与"死亡"等人生阶段时，才能逐渐感受到庭园的魅力吧。

"离世"与"灭亡"的关系

在这一部分将介绍的是与庭园的起源息息相关的"离世"与"灭亡"这两个概念。

■ 枯山水庭园

最古老的庭园形式当属完全没有河流与池塘等水景，仅以石组为中心营造的枯山水庭园。其起源可以追溯到古代的巨石信仰。在古代神社的后山和地板下经常可以看到寄宿着神灵的巨石——磐座，这便是神社的起源，同时也是庭园的由来。

梦窗疏石所造的拥有上下两段式构造的永保寺庭园（岐阜县）

京都市北区的船冈山。由于平安建都（在京建立了平安京）而被视为神圣的象征。特别山顶那块露出地表的天然岩石，更是被当作圣之地，称为"磐座"

---

1 修学旅行：日本中小学生在教师的带领和指导下进行的集体旅行。——译者注

创作于中世的造园教科书《作庭记》中记载，因为这样的岩石和古坟的石室等巨石无法轻易移除，所以不如将其灵活运用到庭园的建造之中。进入镰仓时代，禅宗传入日本。为了表现佛教观，被称为石立僧的禅僧开始在禅寺的庭园中打造真正意义上的石庭。

枯山水在与神佛信仰的密切关系中逐渐发展壮大了起来。时至今日，枯山水中依旧蕴含着对人类而言最为切实的主题之一——生死观。譬如，即便是枯山水中的一块岩石也会被当成"普陀洛山"或"须弥山"，"三尊石"与"十六罗汉石"等也被看成是彼世佛祖的化身。

■ 净土式庭园

在庭园中表现"死后的世界"即"彼世"景观的并不仅存在于枯山水庭园，在各式庭园中都可以见到。比如净土式庭园的"净土"指的就是彼世，并且是以具象化的三维空间形式重现想象中的彼世之景。

■ 寝殿造庭园与书院造庭园

寝殿造庭园和书院造庭园的水池中浮现的小岛也同样是须弥山的化身。许多庭园建筑原本也是一些人为安度晚年、养老送终而建造的隐居之所，古人们无非是想在其中欣赏彼世那块纯净之地罢了。

■ 茶室的露地

在茶室的露地之中也可以窥见"生死观"的影子。前文已经介绍过，露地被比喻为在茶室的"一期一会"前净化精神、祛除污秽、获得新生的虚拟"旅途"。这也被称为通过仪式，因此这一旅途便象征着"冥途之旅"，即模拟"死后前往彼世的旅程"。

露地的中潜如滚滚流淌的三途川一般，是代表往生的结界。

要点

庭园的由来

在各式庭园中，"离世"与"灭亡"概念的表现是造园者们亘古不变的思考与创作主题。通过了解庭园的起源能帮助我们更好地理解庭园的本质。

布置着无数名石的清澄庭园（东京都）

103

53

推动日本庭园形成与发展的大师们

历史上曾有许多人在日本庭园的起源、发展和评判上做出了重大贡献。在这一节中，将简单地介绍尚未在本书中出场的造园大师们。

要点

盘点日本庭园史中必不可少的重要人物

在第1章中已介绍了几位著名的造园师，本节将继续介绍在谈及日本庭园时不可不提的重要人物，一起了解在打造瀑布方面具有卓绝才能的伊势公林贤、作为小堀远州的左膀右臂大显身手的与四郎以及在日本庭园史的一手史料《隔冥记》中拥有一席之地的凤林承章等重要人物吧。

■ 伊势公林贤

建造枯山水庭园的石立僧的流派之一有仁和寺流，该流派的秘传有《山水并野形图》。据说，伊势公林贤继承了该秘传并在平安时代大显身手，但相关史料不多，在其为人处世等方面谜团重重。

相传他在营造瀑布方面是具有杰出才华的能工巧匠，曾在京都的三千院做"细波瀑布"，又亲手设计了法金刚院的瀑布石组，但经后世的大量改动原貌已不复存在。

与四郎（贤庭）

与四郎是活跃在桃山时代到江户初期的造园师。

1615年后阳成天皇认为他为造园的巧匠并赐与"贤庭"称

1130年建造的法金刚院是平安末期的净土式庭园。园内最大的看点莫过于"青女的瀑布"，它出自当时的造园名匠伊势公林贤之手

京都仙洞御所是后水尾天皇成为上皇以后营造的皇宫。建造工程由幕府的作事奉行小堀远州负责，并因运用了许多欧洲造园手法而闻名

号，与四郎作为幕府的作事奉行成为小堀远州的得力助手，参与了许多庭园的建造。其代表作品有京都的醍醐寺三宝院、京都仙洞御所、南禅寺金地院等。

凤林承章

江户初期，身为京都鹿苑寺（金阁寺）住持的凤林承章，是与藤原氏血脉相连的贵族，与西洞院时庆、小川坊城俊昌等三兄弟都是后水尾天皇的宽永文化沙龙的一员。

其日记《隔冥记》（持续编写了34年）是日本庭园史的重要史料，以详细记录了京都的内里、京都仙洞御所、桂离宫和修学院离宫的建造过程而闻名。此外他还亲自参与了鹿苑寺庭园的修复工程，因此声名远播。

昕叔显晫

身为江户初期的相国寺鹿苑院的住持，昕叔显晫也参与编撰了由历代住持所记录的《鹿苑寺录》，详细地记载了有关桂离宫等庭园的建造历程。他还因担任八条宫二代智忠亲王的庭园指导一职而广为人知。

金地院崇传

金地院崇传既是负责江户幕府有关宗教事务的智囊团一员，又是南禅寺的住持。喜爱庭园鉴赏，1619年他因对寺院庭园提出多项变革性意见而闻名，主张在方丈前庭中造园。曾让小堀远州在自己居住的金地院中建造枯山水庭园。

八条宫智仁亲王与智忠亲王

八条宫初代的智仁亲王于1615年创建了桂离宫的雏形。据说他是后水尾天皇的叔父，也对其庭园建设进行了指导。除了桂离宫以外，他还亲自建造了开田、御陵、鹰峰3座御茶屋的庭园。

继承八条宫家家业并将桂离宫打造成如今这样的是二代家主的智忠亲王。1641年他扩建了桂离宫，其后为了迎接后水尾上皇的巡幸，他于1662年又进一步进行增建，然而不幸的是智忠亲王没能见到上皇巡幸，于同年离世。

后水尾天皇（上皇、法皇）

江户时代最初的天皇。因逊位成为上皇后亲自营造修学院离宫而家喻户晓。此外，圆通寺庭园也与后水尾天皇颇有渊源。作为天皇隐居之所的宽永度仙洞御所则是小堀远州的作品。

桂离宫松琴亭

从修学院离宫的邻云亭中眺望到的景色

54

根植于文学的日本庭园

桂离宫是《源氏物语》的再现

中国唐代著名诗人白居易也是中国家喻户晓的造园师。

白居易所撰写的《白氏文集》对《源氏物语》和《土佐日记》以及许多其他的平安文学产生了深远的影响。

其中，收入《白氏文集》的《池亭记》是对其亲自设计的别墅园林的实录，不仅对作为文学作品描绘对象的庭园，对当时实际的造园也带来了巨大的影响。

据《兴旺草》[1]记载，桂离宫是再现《源氏物语》的产物，实际上园内有多处景观再现了其中各卷的情景。桂离宫的创始者八条宫智仁亲王在古典文艺方面特别是对和歌等的造诣颇深。并且，在桂离宫开始营造的江户初期，正是贵族们对平安时代的王朝文化兴趣浓厚的时期。桂离宫建在藤原道长的桂院旧址之上，在《源氏物语》松风卷中出现的"桂殿"据说也是以桂院为原型的。

与桂离宫合称为日本庭园双璧的是修学院离宫。相传后水尾上皇曾让文化沙龙中的知识分子们吟咏和歌，并以和歌的内容为依据建造了修学院离宫。归根结底，无论是桂离宫还是修学院离宫，都可以称为文学的空间化表现。

在日本庭园中这种倾向是十分普遍的，因此说日本庭园根植于文学这片土壤也并不为过。

> **要点**
>
> **文学的空间化表达**
>
> 桂离宫、修学院离宫都可以称为文学的立体化表现。

桂离宫的乐器之室。这是一间3张榻榻米大小的房间，用于收藏古琴。再现了《源氏物语》之"明石之卷"中光源氏与明石姬通过古琴结缘的故事

---

1 《兴旺草》：日文名为"にぎはひ草"，为灰屋绍益的随笔集。——译者注

107

新式风格类型 "镰仓式庭园"

　　镰仓是人们交口称誉的赏花胜地，在三面环山、一面朝海的特殊地形中，催生出镰仓独一无二的庭园形式，许多寺院和宅邸里都建有著名的庭园。下面将介绍与京都庭园特点不同的镰仓庭园独特的游赏方式。

鹤岗八幡宫的源氏池

露地庭园，通向东庆寺的本堂。该寺在江户时代被称为"驱迂寺"[1]（避难离婚寺）

从明月院本堂内的圆窗眺望的池庭之景

1　驱迂寺：江户时代帮助逃来的妇女办理离婚的寺院，日语中也称为"缘切寺"（断缘寺）。——译者注

55

镰仓独有的庭园形式

镰仓的著名庭园大多建在山间谷地的尽头这种特殊的地形处，以山为借景对象是镰仓庭园的特征之一

上　长谷寺，以放生池为中心的庭园
下左　妙法寺，苔庭里的石阶
下右　光明寺，三尊五祖[1]之石庭

"镰仓式庭园"的特征

　　在长达两个世纪的时间里，镰仓一直是幕府的政治舞台，是关东地区家喻户晓、屈指可数的古都。此外，从东京乘坐电车到镰仓不足1小时，一日游便可饱览四季各异的繁花与红叶。但以前人们却以为镰仓"没有庭园"。

　　其实不然，只不过是因为人们曾将观赏京都庭园的传统方法硬搬到镰仓庭园才产生了如此的看法，只需改变视角就会发现许多富有魅力的庭园。本节将开辟"镰仓式庭园"这一新的庭园类型，在下一页中以通俗易懂的方式归纳这种庭园的特征。

1　三尊五祖：三尊指阿弥陀如来佛与观音、势至菩萨；五祖指释迦、善导大师、法然上人、镇西上人、良忠上人等。——译者注

特征1

　　武家的宅邸和庭园大多建造在临近"切通"（穿山道）这一军事枢纽的地方。后来它们大多变身为菩提寺[1]，如今几乎所有的镰仓式庭园都分布在穿山道附近。

"切通"指劈开山脉或丘陵开凿的通道。
镰仓三面环山的地形是防御的重要屏障。
图中是龟谷坂的穿山道

特征2

　　由于庭园大多是建在镰仓三面环山的"山谷"地带，所以参道的两侧就成为栽种着草木的露地庭园。或许是为了预防水患，园中不设池湖，但大多会在斜坡最下层的山门周边造池。并且因为太阳光难以照入，高大的树木也不易生长，庭园的绿植多为花灌木和苔藓，同时因地形原因，借山之景的庭园自然也多了起来。

明月院的池庭中盛开着的菖蒲花

参道的两侧栽种着草木的东庆寺

净智寺的参道入口的池塘

---

1 菩提寺：代代皈依寺院的宗旨并供奉祖先位牌的寺院。菩提指"死后的冥福"，因此菩提寺即祈求冥福的寺。——译者注

明月院的谷间山洞。在报国寺等寺院也能见到

特征3

在谷地的峭壁上造有镰仓特有的谷间山洞（横穴式的石窟墓），这也是一种通过借景手法为庭园造景的方式。

特征4

在镰仓的寺院中多数是禅宗寺院形成的"禅宗伽蓝"[1]，院内有放生池，还有圆柏形成的名为"前栽列树"[2]的庭园景观。此外，排列成直线的堂宇（殿堂）也与山谷的地形相契合。

将宋风禅宗伽蓝形式传承至今的建长寺（上）。佛殿前排列的7株圆柏依然保留着一部分
净智寺（下左）和圆觉寺（下右）在这两座寺院中都可以看到建造之初栽种的圆柏，如今已长成树龄达700年以上的巨树

1　伽蓝：梵语"僧伽蓝摩"的简称，指僧众共住的园林，后指佛寺。——译者注，下同
2　前栽列树：佛殿前的7株圆柏，右侧4株，左侧3株。

特征5

许多拥有庭园的寺院和神社
很可能根据自然历进行过移建。

从鹤冈八幡宫、建长寺与瑞泉寺等
的庭园中可以看出庭园与自然历之
间的关系。照片中是鹤冈八幡宫

特征6

庭园多使用镰仓
石为建材。此外，即
便镰仓地区优质水源
并不充足，庭园中的
池塘里使用的依然是
名水[1]。

净智寺中的拱桥是使用镰仓石制成的。这也是少数建造之初的遗构之一

圆觉寺创建之初建造的妙香池，布置着在中国园林中常见的奇石

观察上述6个特征，
我们就能够明白正是由于
镰仓独特的风土和地形，
镰仓式庭园这一独特的庭
园形式才得以形成。

---

1 名水：水质良好、水量稳定、受到保护的地下水、河流水、泉水等，曾有"名水百选"等官方确定的名水名
单。——译者注

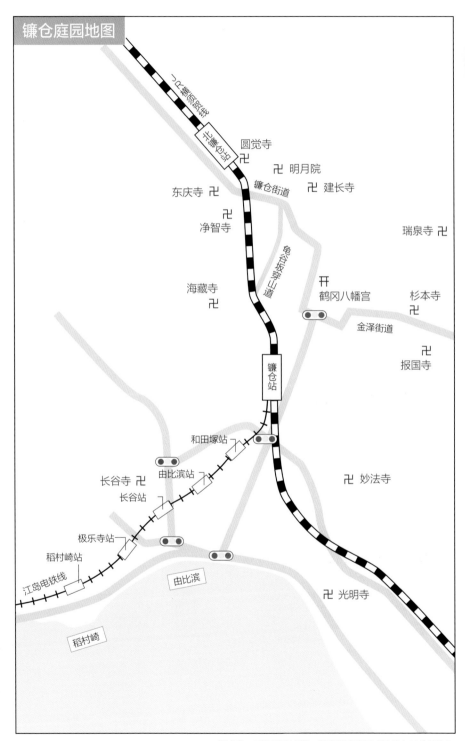

镰仓庭园地图

江ノ电铁线

圆觉寺 卍
卍 明月院
卍 建长寺
东庆寺 卍
镰仓街道
净智寺 卍
瑞泉寺 卍
北镰仓站
海藏寺 卍
开 鹤冈八幡宫
杉本寺 卍
龟谷坂穿山道
金泽街道
报国寺 卍
镰仓站
和田塚站
由比滨站
长谷寺 卍
卍 妙法寺
长谷站
极乐寺站
稻村崎站
江岛电铁线
由比滨
光明寺 卍
稻村崎

译者注：卍字代表寺院，开字代表鸟居（神社入口的牌坊）。

全日本庭园地图

以地图的形式介绍分布在日本各地的庭园。
请灵活运用在本书中介绍的 55 个庭园欣赏要点，
尽情享受庭园游赏之乐。

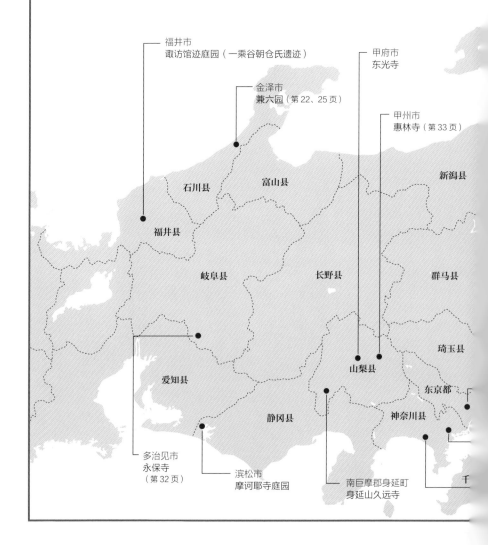

福井市
谏访馆迹庭园（一乘谷朝仓氏遗迹）

金泽市
兼六园（第 22、25 页）

甲府市
东光寺

甲州市
惠林寺（第 33 页）

石川县

富山县

新潟县

福井县

岐阜县

长野县

群马县

琦玉县

爱知县

山梨县

东京都

静冈县

神奈川县

多治见市
永保寺
（第 32 页）

滨松市
摩诃耶寺庭园

南巨摩郡身延町
身延山久远寺

千

弘前市 ————————————————● 青森县
藤田纪念庭园

秋田县

岩手县

山形县

宫城县

平泉町
毛越寺（第 7 页）

宫城郡松岛町
瑞岩寺

福岛县

木县

岩城市
白水阿弥陀堂（第 7 页）

茨城县

水户市
水户偕乐园（第 25 页）

东京都
北区　　　旧古河庭园（第 27 页）
　　　　　名主的瀑布公园
中央区　　滨离宫恩赐庭园（第 23 页）
港区　　　毛利庭园

弘前市　　　　　　　旧芝离宫恩赐庭园
中区　　　三溪园　　港区立有栖川宫纪念公园
金泽区　　称名寺（第 45 页）
　　　　　　　　　　江东区　　清澄庭园（第 28 页）
　　　　　　　　　　墨田区　　旧安田庭园
镰仓市　　　　　　　千代田区　皇居东御苑二之丸庭园
※ 参照第 113 页　　　文京区　　小石川后乐园（第 22 页）

东

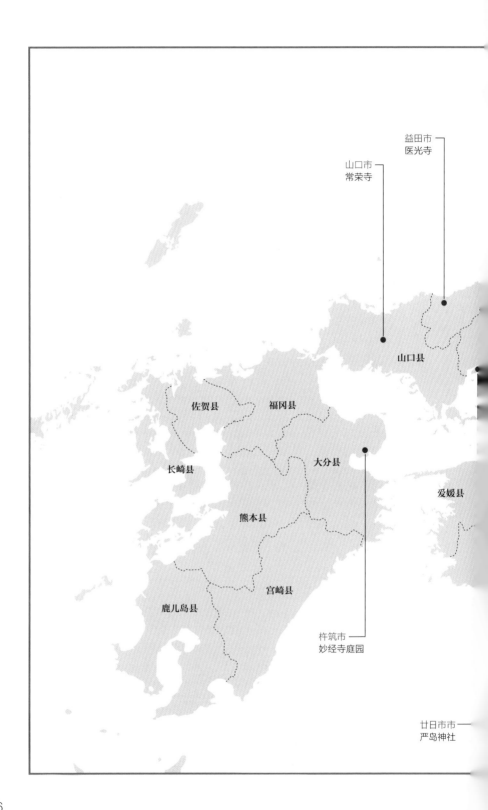

益田市
医光寺

山口市
常荣寺

山口县

佐贺县　福冈县

长崎县

大分县

熊本县

爱媛县

宫崎县

鹿儿岛县

杵筑市
妙经寺庭园

廿日市市
严岛神社

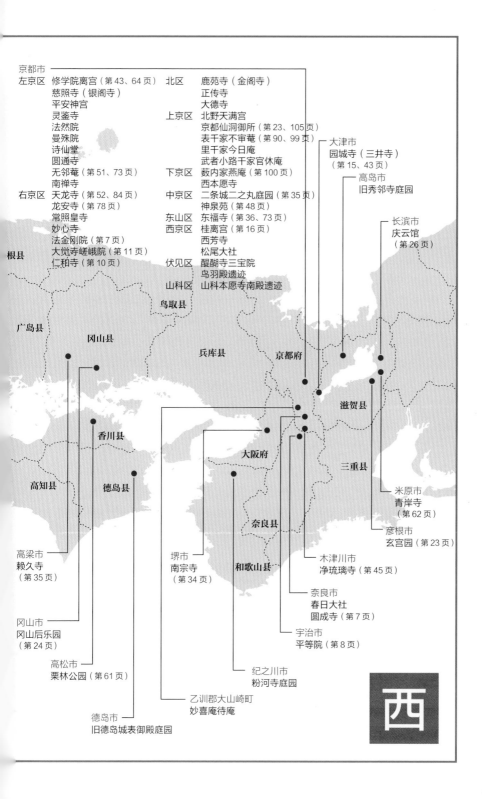

京都市
左京区 修学院离宫（第43、64页）
慈照寺（银阁寺）
平安神宫
灵鉴寺
法然院
曼殊院
诗仙堂
圆通寺
无邻菴（第51、73页）
南禅寺
右京区 天龙寺（第52、84页）
龙安寺（第78页）
常照皇寺
妙心寺
法金刚院（第7页）
大觉寺嵯峨院（第11页）
仁和寺（第10页）

北区 鹿苑寺（金阁寺）
正传寺
大德寺
上京区 北野天满宫
京都仙洞御所（第23、105页）
表千家不审菴（第90、99页）
里千家今日菴
武者小路千家官休菴
下京区 薮内家燕菴（第100页）
西本愿寺
中京区 二条城二之丸庭园（第35页）
神泉苑（第48页）
东山区 东福寺（第36、73页）
西京区 桂离宫（第16页）
西芳寺
松尾大社
伏见区 醍醐寺三宝院
鸟羽殿遗迹
山科区 山科本愿寺南殿遗迹

大津市
园城寺（三井寺）
（第15、43页）

高岛市
旧秀邻寺庭园

长滨市
庆云馆
（第26页）

根县

广岛县

冈山县

鸟取县

兵库县

京都府

滋贺县

三重县

香川县

高知县

德岛县

大阪府

奈良县

和歌山县

米原市
青岸寺
（第62页）

彦根市
玄宫园（第23页）

高梁市
赖久寺
（第35页）

堺市
南宗寺
（第34页）

木津川市
净琉璃寺（第45页）

冈山市
冈山后乐园
（第24页）

奈良市
春日大社
圆成寺（第7页）

高松市
栗林公园（第61页）

宇治市
平等院（第8页）

纪之川市
粉河寺庭园

乙训郡大山崎町
妙喜菴待菴

德岛市
旧德岛城表御殿庭园

西

117

参考文献

［1］重森三玲，重森完途.日本庭園史大系　全三十五巻 [M].東京都：社会思想社，1971—1976.

［2］石川忠.京都の離宮―桂・修学院 [M].京都市：財団法人伝統文化保存協会.1973.

［3］宮元健次.桂離宮　隠された三つの謎 [M].東京都：彰国社.1992.

［4］宮元健次.修学院離宮物語 [M].東京都：彰国社.1994.

［5］宮元健次.桂離宮ブルーノ・タウトは証言する [M].東京都：鹿島出版社.1995.

［6］宮元健次.図説日本庭園のみかた [M].東京都：学芸出版社.1999.

［7］宮元健次.建築家秀吉―遺構から推理する戦術と建築・都市プラン [M].京都市：人文書院.2000.

［8］宮元健次.龍安寺石庭を推理する [M].東京都：集英社.2001.

［9］宮元健次.京都名庭を歩く [M].東京都：光文社，2004.

［10］宮元健次.近世日本建築の意匠 [M].東京都：雄山閣，2005.

［11］宮元健次.鎌倉の庭園 [M].横浜：神奈川新聞社，2007.

［12］宮元健次.日本の美意識 [M].東京都：光文社，2008.

图片提供者

照片

毛越寺（第4页、第7页、第42页、第44页、第46页、第48~50页、第52~55页），宫内厅京都事务所、桂离宫（第3页、第16~17页、第20页、第46页、第65~66页、第68页、第76页、第78页、第79~80页、第87页、第94~95页、第96页上、第106~107页），修学院离宫（第14页、第16~17页、第23页、第42页、第82页、第97页、第106页），京都仙洞御所（第3页、第105页），表千家（第3页、第18页、第90~96页、第98~100页），东福寺（第9页、第42页），天龙寺（第9页、第37~39页、第46页、第58页、第90页、第108页、第110页、第113页、第115页），仁和寺（第2页、第10页），平等院（第4~6页、第8页、第38页），法金刚院（第7页、第38页、第50页、第104页），圆成寺（第7页、第45页）白水阿弥陀堂（第7页），神泉苑（第10~12页、第83页），赖久寺（第13页、第35页），龙安寺（第13页、第67页、第78页、第81页），园城寺（第14页、第43页），小石川后乐园（第16页、第22页、第43页），兼六园管理事务所（第16页、第21~22页、第24~25页、第74页、第76页、第78页、第80~82页、第84页、第86页、第88页），清澄庭园（第26页、第28页、第58页、第102页），长滨观光协会（第26页），旧古河庭园（第27页），重森三玲庭园美术馆（第29页），永保寺（第32页、第102页），惠林寺（第33页），南宗寺（第34页），二条城事务所（第35页），京都市文化市民局（第36页、第40页、第51页），青岸寺（第39页、第62页），香川县交流推进部交流推进科（第39~40页、第56页、第58页、第60~61页），国立西洋美术馆（第44页），鹤冈八幡宫（第46页、第108页、第112页），岐阜县博物馆（第59页），柏木园（第66~67页），MOSS 第 LAN 有限公司（第70~71页），薮内家燕庵（第100页）

插图

宫元建筑研究所（第9页、第18页），国际日本文化研究中心所藏（第18页）

* 除上述来源以外，其余出自《图解日本庭园的鉴赏方法》（学艺出版社）。

后记

　　庭园与绘画、雕刻、建筑等一样，同属于艺术的一个领域。然而，庭园与其他艺术最大的区别在于，庭园中的植物和水池以及栖息其中的动物，还有日月运行与气候等，都属于自然生态系统的一部分。

　　正因如此，若是疏于打理则会立刻从"庭园"回归"自然"。

　　虽然现在仍然保存着许多数百年前建造的庭园杰作，但由于植物的寿命有限，如今我们所见庭园中的草木，几乎都已不是造园之初的原物了。

　　此外，许多庭园中的建筑物也大多是重建或经大规模改造后的产物。考古发掘的结果显示，甚至有些庭园中的现存建筑，较之建造之初也已面目全非。

　　如此看来，我们可以毫不夸张地说，在各类艺术领域中像庭园这样难以捉摸的艺术简直绝无仅有。然而，即便如此，我们依然忍不住地想踏入庭园，去拥抱花香四溢的春之庭、翠色满目的夏之庭、红叶似火的秋之庭、白雪皑皑的冬之庭。我们究竟对庭园有着何种期许又在渴求着什么？

　　将军足利义政于1489年突然开始建造慈照寺（银阁寺）庭园，但未能等到竣工便于次年1月离世。同样，太阁丰臣秀吉也于1597年突然着手建造醍醐寺三宝院的庭园，于动工同年逝世。更有八条宫智忠亲王为了迎接后水尾上皇的巡幸，于1662年对桂离宫进行最后的修建工程，但未能见证隆重的巡幸之日，亲王便于同年驾鹤西去。

　　人为何在临近死亡时会如此迫切地想要建造庭园呢？这或许是因为庭园本身就具有"生命"。对鲜活之生命的憧憬，或许就是庭园的魅力所在吧。

宫元健次

2010年5月